新工科机器人工程专业规划教材

Human Robot
Interaction Technology

机器人交互技术

蒋再男 王珂 编著

清华大学出版社
北京

内 容 简 介

本书共 10 章,内容包括绪论,感知和认知基础,人与机器人交互框架,机器人图形交互,基于鼠标/键盘/手柄的机器人交互,基于数据手套的机器人灵巧手交互,人机物理交互安全技术,基于手势视觉识别的机器人交互,基于肢体动作识别的机器人交互,以及基于人脸表情识别的机器人交互等。

本书对机器人常用的人机交互技术进行了系统概述,可作为机器人工程专业的本科生和研究生教材。本书也可作为从事机器人研究、开发和应用的科技人员的参考书。

图书在版编目(CIP)数据

机器人交互技术/蒋再男,王珂编著.—北京:清华大学出版社,2020.3(2024.8重印)
新工科机器人工程专业规划教材
ISBN 978-7-302-55209-3

Ⅰ.①机… Ⅱ.①蒋…②王… Ⅲ.①机器人－交互技术－高等学校－教材 Ⅳ.①TP242

中国版本图书馆 CIP 数据核字(2020)第 046325 号

责任编辑:许 龙
封面设计:常雪影
责任校对:王淑云
责任印制:曹婉颖

出版发行:清华大学出版社
  网 址:https://www.tup.com.cn,https://www.wqxuetang.com
  地 址:北京清华大学学研大厦 A 座   邮 编:100084
  社 总 机:010-83470000   邮 购:010-62786544
  投稿与读者服务:010-62776969,c-service@tup.tsinghua.edu.cn
  质量反馈:010-62772015,zhiliang@tup.tsinghua.edu.cn
印 装 者:三河市科茂嘉荣印务有限公司
经 销:全国新华书店
开 本:185mm×260mm 印 张:12.25   字 数:293 千字
版 次:2020 年 3 月第 1 版   印 次:2024 年 8 月第 4 次印刷
定 价:38.00 元

产品编号:080811-01

新工科机器人工程专业规划教材

机器人技术与系统国家重点实验室
● 组织编写委员会 ●

顾 问

蔡鹤皋　院士

邓宗全　院士

主 任

刘　宏

赵　杰

委 员
（按姓氏拼音排序）

敖宏瑞	丁　亮	董　为	杜志江	付宜利	高海波
高云峰	葛连正	纪军红	姜　力	蒋再男	金明河
李　兵	李隆球	李瑞峰	李天龙	刘延杰	刘　宇
楼云江	倪风雷	潘旭东	曲明成	荣伟彬	王滨生
王　飞	王　珂	王振龙	徐文福	闫纪红	闫继红
于洪健	赵建文	赵京东	赵立军	钟诗胜	朱晓蕊
朱延河					

秘 书

董　为

许　龙

前　言

　　机器人是一类能灵活地完成特定操作和运动任务,可再编程的多功能操作器。目前,机器人已经在工业、服务、特种等领域代替人类或协助人类完成多种任务,发挥了重要作用。当前,世界各国纷纷出台机器人发展战略,如美国"国家机器人计划 2.0"、欧盟"2020 地平线机器人项目"、日本"机器人新战略"等,抢占机器人发展制高点。习近平总书记在 2014 年两院院士大会上指出机器人是"制造业皇冠顶端的明珠",其研发、制造、应用是衡量一个国家科技创新和高端制造业水平的重要标志,我国出台了"机器人产业发展规划 2016—2020"。

　　机器人交互技术是研究人与机器人之间交互的技术,是一门涉及人与计算机交互,人工智能,机器人,自然语言理解、设计以及社会科学的多学科交叉技术。受当前智能水平发展限制,对于复杂环境下工作任务多变的服务机器人和特种机器人,完全自主的机器人还难以实现。因此,利用机器人交互技术,尤其是结合近年来快速发展的人机交互设备、语音识别、手势等交互手段,充分发挥人类的高级规划智能和机器人执行智能,实现人机优势互补,对于提高机器人复杂环境的适应性和操作便捷性具有重要意义,成为机器人领域的研究热点。

　　本书共 10 章,涉及机器人交互技术的概况、感知认知基础、图形仿真、手柄交互、语音交互、体感交互、表情交互等内容。第 1 章简述机器人交互技术的概念、研究内容、发展历史,介绍典型的机器人交互技术应用。第 2 章介绍机器人交互技术涉及的感知和认知基础相关内容,主要阐述人的感知基础、知觉特性、认知过程,讨论机器人交互的设计原则。第 3 章介绍人与机器人交互框架,主要包括机器人交互框架、以用户为中心的机器人交互以及多模式交互。第 4 章研究机器人与人的图形交互仿真,重点介绍虚拟图形建模、虚拟模型运动仿真以及碰撞检测。第 5 章介绍人与机械臂之间通过键盘、鼠标和手柄的交互设计方法,主要包括键盘、空间鼠标、力反馈手柄等交互方式的原理和实现。第 6 章介绍人与机器人灵巧手之间通过数据手套的交互设计方法,主要包括典型数据手套、运动映射、力反馈映射等的原理和实现。第 7 章针对人机协作机器人的物理交互安全进行介绍,主要包括物理交互伤害概述、安全评价指标、物理安全实现方法等。第 8 章介绍基于手势视觉识别的机器人交互技术,主要包括手势的感知、表述、数据集、图像特征以及手势视觉识别方法。第 9 章介绍基于肢体动作识别的机器人交互,主要包括人体动作表述、图像运动特征、动作数据集、肢体动作识别以及交互实例。第 10 章介绍基于人脸表情识别的机器人交互,重点介绍面部表情特征、表情数据集、人脸表情特征检测、表情识别方法及交互实例。

　　本书第 1~2 章、第 4~7 章主要由蒋再男博士编写,第 3 章、第 8~10 章主要由王珂博士编写。除了作者之外,李重阳、杨帆、吴菲、刘大翔、刘阳、李雪婧、包敏杰等也进行了大量工作,在此一并表示感谢。

　　机器人交互技术是一门不断发展的交叉学科,人工智能、虚拟现实等技术发展不断地对机器人交互技术产生影响,加上编写时间有限,书中难免有些不妥或考虑不周之处,恳请广大读者批评指正。

编著者

2019 年 10 月

目 录

CONTENTS

第 1 章

绪 论

信息技术的高速发展对人类生产、生活产生了广泛而深刻的影响。如今,"微信""智能手表""机器人""传感技术""7D 电影"等新产品、新技术层出不穷,不断冲击着人们的视听。这些高科技成果为人们带来便捷和快乐的同时,也促进了人机交互技术的发展。但是,人机交互技术比计算机硬件和软件技术的发展要滞后很多,已成为人类运用信息技术深入探索和认识客观世界的瓶颈。作为信息技术的一个重要组成部分,人机交互技术已经引起许多国家的高度重视,并成为 21 世纪信息领域急需解决的重大课题。

机器人交互技术研究人与机器人之间交互,是一门涉及人与计算机交互、人工智能、机器人、自然语言理解、设计以及社会科学的多学科交叉技术。近年来,尤其是结合快速发展的人机交互设备以及语音识别、手势等交互方法,充分发挥人类的规划智能和机器人执行智能,实现人机优势互补,对于提高机器人的复杂环境适应性和操作便捷性具有重要意义,成为机器人领域的研究热点。

本章主要介绍机器人交互的概念、研究内容、发展历史、分类以及应用实例等。

1.1 机器人交互概念

人与机器人之间的交互属于人机交互范畴,根据不同研究领域,人机交互技术通常有 3 种不同的描述。广义的人机交互通常指人与机器之间的交互(Human Machine Interaction,HMI),本质上是人与计算机之间的交互。或者从更广泛的角度理解:人机交互是指人与含有计算机的机器之间的交互。具体来说,用户与含有计算机的机器之间的双向通信,以一定的符号和动作来实现,如击键、移动鼠标、显示屏幕上的符号/图形等。交互是人与机器作用关系/状况的一种描述,界面是人与机器发生交互关系的具体表达形式。交互是实现信息传达的情境刻画,而界面是实现交互的手段。在交互设计子系统中,交互是内容/灵魂,界面是形式/肉体;交互和界面只是解决人机关系的一种手段,不是最终目的,其最终目的是解决和满足人的需求。

狭义的人机交互一般指人与计算机之间的交互(Human Computer Interaction,HCI),指关于设计、评价和实现供人们使用的交互式计算机系统,并围绕相关的主要现象进行研究的学科。HCI 主要研究人与计算机之间的信息交换,包括人到计算机和计算机到人的信息交换两部分。对于前者,人们可以借助键盘、鼠标、操纵杆、数据服装、眼动跟踪器、位置跟踪器、数据手套、压力笔等设备,用手、脚、声音、姿势或身体的动作、眼睛甚至脑电波等向计算机传递信息；对于后者,计算机通过打印机、绘图仪、显示器、头盔式显示器(HMD)、音箱、大屏幕投影等输出或显示设备向人们提供可理解的信息。广义 HCI 是关于设计、实现和评价供人们使用的交互式计算机系统,并围绕这些方面的主要现象进行研究的科学;而狭义 HCI 是研究人与计算机之间的信息交换,主要包括人到计算机和计算机到人的信息交换两部分。

在机器人领域,机器人交互(Human Robot Interaction,HRI)研究人与机器人之间信息交流,是一门涉及人与计算机交互、人工智能、机器人、自然语言理解以及社会科学等多学科交叉技术。机器人交互是一门综合学科,它与认知心理学、人机工程学、多媒体技术、虚拟现实技术等密切相关。其中,认知心理学与人机工程学是人机交互技术的理论基础。认知心理学,广义指研究人类的高级心理过程,主要是认识过程,如注意、知觉、表象、记忆、创造性、问题解决、言语和思维等;狭义相当于当代的信息加工心理学,即采用信息加工观点研究认知过程。人机工程学是应用人体测量学、人体力学、劳动生理学、劳动心理学等学科的研究方法,对人体结构特征和机能特征进行研究,提供人体各部分的尺寸、重量、体表面积、比重、重心以及人体各部分在活动时的相互关系和可及范围等人体结构特征参数;还提供人体各部分的出力范围,以及动作时的习惯等人体机能特征参数,分析人的视觉、听觉、触觉以及肤觉等感觉器官的机能特性;分析人在各种劳动时的生理变化、能量消耗、疲劳机理以及人对各种劳动负荷的适应能力;探讨人在工作中影响心理状态的因素以及心理因素对工作效率的影响等。人机工程学是把人-机-环境系统作为研究的基本对象,运用生理学、心理学和其他有关学科知识,根据人和机器的条件和特点,合理分配人与机器承担的职能,并使之相互适应,为人创造出安全和舒适的工作环境,使工效达到最优的一门综合性学科。

在很多情况下,清晰地定义和区分 HMI、HCI 和 HRI 的概念比较困难,因为计算机和机器人本身就是一种特殊的机器;从更广义的方面,HMI 包含了 HCI 和 HRI;而在机器人系统中,信息处理的核心模块通常使用计算机,因此许多 HCI 的方法可以直接用于 HRI 中,机器人系统中的人机交互 HRI 可以独立于 HCI,也可以包含 HCI 方法,但 HCI 则更多地侧重于人与计算机之间的交流。

1.2   机器人交互研究内容

机器人交互技术的研究内容广泛,本书在介绍人的感知和认知、人与机器人交互框架的基础上,重点介绍机器人图形交互、基于鼠标/键盘/手柄的机器人交互、基于数据手套的机器人灵巧手交互、人机物理交互安全、基于手势视觉识别的机器人交互、基于肢体动作识别的机器人交互,以及基于人脸表情识别的机器人交互等应用技术,主要包括以下内容。

1. 感知和认知基础

人作为人与机器人交互的重要部分,主要通过感知与外界交流,进行信息的接收和发送,并认知机器人及环境。因此,人的感知和认知是机器人交互的基础。本章主要介绍人的感知模型、认知过程与交互设计原则、认知概念模型的几种表示方法以及分布式认知模型等基本的感知和认知基础知识。

2．人与机器人交互框架

传统机器人系统大多在与人隔离的封闭良好环境中进行简单的重复性工作。近年来，为了把机器人从封闭环境中解放出来，与人类进行自然高效的交互，国内外学者分别从机器人交互系统的设计、感知、控制等领域进行研究，本章介绍人与机器人的交互模式中的Norman模型，以用户为中心等人机交互模式。

3．机器人三维图形交互

机器人三维图形交互是通过建立一个精确的机器人和工作环境模型，实现对机器人运动进行模拟仿真，逼真反映机器人的运动过程，广泛应用在机器人的任务离线模拟与验证、实时在线操作和控制、实时在线状态监控等方面。本章介绍基于 Open Inventor 机器人三维图形仿真的建模、装配、仿真、碰撞检测等实现方法，并给出了一个机器人图形仿真实例。

4．基于键盘/鼠标/手柄的机器人交互

键盘、鼠标、空间鼠标以及手柄等常用的计算机输入设备，可以用来实现对机器人，尤其是能模仿人手臂某些功能的机械臂交互控制，实现抓取、搬运物体或操作工具等作业任务。主要介绍利用键盘、鼠标、空间鼠标以及力反馈手柄对机械臂进行交互控制，并结合一个四自由度机械臂，进行机器人交互设计和实现。

5．基于数据手套的机器人灵巧手交互

数据手套能够实时测量人手的手指弯曲角度，为操作者提供了一种通用、直接的人机交互方式，特别适用于需要多自由度手进行复杂操作的人机交互系统。针对 HIT/DLR Ⅱ 机器人灵巧手，介绍如何利用数据手套实现对该 15 自由度机器人灵巧手的自然交互控制。

6．人机物理交互安全

机器人的人机交互分为物理性人机交互和认知性人机交互。机器人物理性人机交互旨在保证人类和机器人本身安全。机器人与人发生碰撞是这类应用中造成伤害的主要来源，关于碰撞检测与碰撞的研究说明完全地避免碰撞很难做到，必须有其他安全保证策略。本章将从交互伤害分析、交互伤害评估、交互安全策略等方面介绍物理性人机交互的相关知识。

7．基于手势视觉识别的机器人交互

人的手势控制作为一种新型的交互方式，具有表达内容丰富、控制方便、快捷等特点，在机器人控制方面具有较强的实用性。基于视觉的手势控制通过视觉识别技术以非接触的方式获取手势信息，使操作者拥有更好的操作体验，成本低。这部分内容将从手势感知、手势分类、手势的特征提取以及手势视觉识别等几个方面，介绍基于手势视觉识别的机器人交互技术。

8．基于肢体动作识别的机器人交互

研究基于人体动作的机器人交互可以让机器人像人一样识别人体动作的含义，从而使人与机器人的交互更加自然便捷。动作识别旨在识别来自视频序列的一个或多个人的动作或行为，其核心内容有动作表述和动作识别两个方面。人体动作是典型的三维时空信号，获得由动作产生的若干时间序列数据，通过机器对数据的学习分析，获得相匹配的动作类别标签。这部分内容将介绍动作表述、人体图像运动特征以及人体肢体动作识别等肢体动作识别基础知识。

9. 基于人脸表情识别的机器人交互

人的面部表情是形体语言中进行交往和表达情感的一种重要手段,人脸表情能够表现交互主体的性情与个性、情感状态和精神病理学等复杂信息。服务机器人获取并分析人脸表情,有助于机器人掌握交互场景中人的情感状态,预测人的生活需求,从而更有利于服务机器人技术应用的推广和发展。这部分内容将从人的面部表情特征及其检测手段方面,介绍基于人脸表情识别机器人交互领域相关工作。

1.3　机器人交互发展历史

作为计算机系统的一个重要组成部分,人机交互技术一直伴随着计算机的发展而发展,也是一个从人适应计算机到计算机不断适应人的发展过程。交互的信息也由精确的输入输出信息变成非精确的输入输出信息。它经历了如下几个阶段。

1.3.1　命令行界面交互阶段

计算机语言经历了由最初的机器语言、汇编语言直至高级语言的发展过程,这个过程也可以看作人机交互的早期发展过程。

最初,程序通常直接采用机器语言指令(二进制机器代码)或汇编语言编写,通过纸带输入机或读卡机输入,通过打印机输出计算结果,人与计算机的交互一般采用控制键或控制台直接手工操纵。这种形式很不符合人们的习惯,既耗费时间,又容易出错,只有专业的计算机管理员才能做到运用自如。

后来,出现了 ALGOL 60、FORTRAN、COBOL、PASCAL 等高级语言,使人们可以用比较习惯的符号形式描述计算过程,交互操作由受过一定训练的程序员即可完成,命令行界面(Command Line Interface,CLI)开始出现。这一时期,程序员可采用批处理作业语言或交互命令语言的方式和计算机打交道,虽然要记忆许多命令和熟练地敲击键盘,但已可用较方便的手段来调试程序,了解计算机执行的情况。通过命令行界面,人们可以通过问答式对话、文本菜单或命令语言等方式来进行人机交互。

命令行界面可以看作第一代人机交互界面。在这种界面中,计算机的使用者被看成操作员,计算机对输入信息一般只做被动的反应,操作员主要通过操作键盘输入数据和命令信息,界面输出以字符为主,因此这种人机界面交互方式缺乏自然性。

1.3.2　图形用户界面交互阶段

图形用户界面(Graphical User Interface,GUI)的出现使人机交互方式发生了巨大变化。GUI 的主要特点是桌面隐喻、WIMP(Window,Icon,Menu,Pointing Device)技术、直接操纵和"所见即所得"(WYSIWYG)。GUI 简明易学,减少了敲击键盘次数,使得普通用户也可以熟练使用,从而拓展了用户群,使计算机技术得到了普及。

GUI 技术的起源可以追溯到 20 世纪 60 年代美国麻省理工学院 Ivan Sutherland 的工

作。他发明的 Sketchpad 首次引入了菜单、不可重叠的瓦片式窗口和图标,并采用光笔进行绘图操作。1963 年,年轻的美国科学家 Doug Engelbart 发明了鼠标(图 1-1)。从此以后,鼠标经过不断改进,在苹果、微软等公司的图形界面系统上得到了成功应用,鼠标与键盘成为目前计算机系统中必备的输入装置。特别是 20 世纪 90 年代以来,鼠标已经成为人们必备的人机交互工具。

20 世纪 70 年代,施乐(Xerox)研究中心的 Alan Kay 提出了 Smalltalk 面向对象程序设计等思想,并发明重叠式多窗口系统,形成了图形用户界面的雏形。同一时期,施乐公司在 Alto 计算机上首次开发了位映像图形显示技术,为开发可重叠窗口、弹出式菜单、菜单条等提供了可能。这些工作奠定了目前图形用户界面的基础,形成了以 WIMP 技术为基础的第二代人机界面。1984 年,苹果公司开发出了新型 Macintosh 个人计算机(图 1-2),将 WIMP 技术引入微机领域,这种全部基于鼠标及下拉式菜单的操作方式和直观的图形界面引发了微机人机界面的历史性变革。

图 1-1　Doug Engelbart 和他发明的鼠标　　　　图 1-2　苹果 Macintosh 个人计算机

与命令行界面相比,图形用户界面的自然性和交互效率都有较大的提高。图形用户界面很大程度上依赖于菜单选择和交互构件(Widget)。经常使用的命令大都通过鼠标来实现,鼠标驱动的人机界面便于初学者使用,但重复性的菜单选择会给有经验的用户造成不便,他们有时倾向使用命令键而不是选择菜单,且在输入信息时用户只能使用"手"这种输入通道。另外,图形用户界面需要占用较多的屏幕空间,并且难以表达和支持非空间性的抽象信息的交互。

1.3.3　自然和谐的人机交互阶段

随着网络的普及和无线通信技术的发展,人机交互领域面临着巨大的挑战和机遇,传统的图形界面交互已经产生了本质的变化,人们的需求不再局限于界面的美学形式的创新,而是在使用多媒体终端时,有着更便捷、更符合他们使用习惯同时又比较美观的操作界面。利用人的多种感觉通道和动作通道(如语音、手写、姿势、视线、表情等输入),以并行、非精确的方式(可见或不可见的)与计算机环境进行交互,使人们从传统交互方式的束缚中解脱出来,进入自然和谐的人机交互时期。这一时期的主要研究内容包括多通道交互、情感计算、虚拟现实、智能用户界面、自然语言理解等方面。

1. 多通道交互

多通道交互(Multi Modal Interaction，MMI)是近年来迅速发展的一种人机交互技术，它既适应了"以人为中心"的自然交互准则，也推动了互联网时代信息产业(包括移动计算、移动通信、网络服务器等)快速发展。MMI 是指"一种使用多种通道与计算机通信的人机交互方式。通道(modality)涵盖了用户表达意图、执行动作或感知反馈信息的各种通信方法，如言语、眼神、脸部表情、唇动、手动、手势、头动、肢体姿势、触觉、嗅觉或味觉等"。采用这种方式的计算机用户界面称为"多通道用户界面"。目前，人类最常使用的多通道交互技术包括手写识别、笔式交互、语音识别、语音合成、数字墨水、视线跟踪技术、触觉通道的力反馈装置、生物特征识别技术和人脸表情识别技术等方面。

2. 情感计算

让计算机具有情感能力首先是由美国麻省理工学院的 Marvin L. Minsky 教授(人工智能创始人之一)提出的。他在 1985 年的专著 The Society of Mind 中指出，问题不在于智能机器能否有任何情感，而在于机器实现智能时怎么能够没有情感。从此，赋予计算机情感能力并让计算机能够理解和表达情感的研究、探讨引起了计算机界许多人士的兴趣。这方面的工作首推美国麻省理工学院媒体实验室 Rosalind Picard 教授领导的研究小组。"情感计算"一词也首先由 Picard 教授于 1997 年出版的专著 Affective Computing(情感计算)中提出并给出定义，即情感计算是关于情感、情感产生以及影响情感方面的计算。

麻省理工学院对情感计算进行全方位研究，正在开发研究情感机器人，最终有可能人机融合。其媒体实验室与 HP 公司合作进行情感计算的研究。IBM 公司的"蓝眼计划"可使计算机知道人想干什么，如当人的眼睛瞄向电视时，它就知道人想打开电视机，于是发出指令打开电视机。此外该公司还研究了情感鼠标，可根据手部的血压及温度等传感器感知用户的情感。日本软银公司 2014 年发布了一个能读懂人类情感的机器人"Pepper"，它能识别人类情感并能与人类交流。Pepper 是世界首款搭载"感情识别功能"的机器人，它可以通过分析人的表情和声调，推测出人的情感，并采取行动，如与顾客搭话等。

3. 虚拟现实

虚拟现实(Virtual Reality，VR)是以计算机技术为核心，结合相关科学技术，生成与真实环境在视、听、触感等方面高度近似的数字化环境，用户借助必要的装备与数字化环境中的对象进行交互作用、相互影响，可以产生亲临对应真实环境的感受和体验。虚拟现实是人类在探索自然、认识自然过程中创造产生，逐步形成的一种用于认识自然、模拟自然，进而更好地适应和利用自然的科学方法和科学技术。

随着虚拟现实技术的发展，涌现出大量新的交互设备。如美国麻省理工学院的 Ivan Sutherland 早在 1968 年就开发了头盔式立体显示器，为现代虚拟现实技术奠定了重要基础；1982 年美国加州 VPL 公司开发出第一副数据手套，用于手势输入；该公司在 1992 年还推出了 Eyephone 液晶显示器；同样在 1992 年，Tom DeFanti 等推出了一种沉浸式虚拟现实环境——CAVE 系统，该系统可提供一个房间大小的四面立方体投影显示空间。最近，Facebook 公司 Oculus 头盔式显示器将虚拟现实接入游戏中，使得玩家能够身临其境，对游戏的沉浸感大幅提升。微软公司的 Hololens 全息眼镜能够提供全息图像，通过将影像投射在真实世界中达到增强现实的效果，且 Hololens 还能够追踪用户的声音、动作和周围环境，用户可以通过眼神、声音指令和手势进行控制。这些虚拟现实设备可以广泛应用于观光、电影、医药、建筑、空间探索以及军事等领域。

4. 智能用户界面

智能用户界面(Intelligent User Interface,IUI)是致力于达到人机交互的高效率、有效性和自然性的人机界面。它通过表达、推理,并按照用户模型、领域模型、任务模型、谈话模型和媒体模型来实现人机交互。智能用户界面主要使用人工智能技术实现人机通信,提高了人机交互的可用性:如知识表示技术支持基于模型的用户界面生成,规划识别和生成支持用户界面的对话管理,而语言、手势和图像理解支持多通道输入的分析,用户建模则实现了对自适应交互的支持等。当然,智能用户界面也离不开认知心理学、人机工程学的支持。

智能体、代理(agent)在智能技术中的重要性已"不言而喻"了。agent 是一个能够感知外界环境并具有自主行为能力的、以实现其设计目标的自治系统。智能的 agent 系统可以根据用户的喜好和需要配置具有个性化特点的应用程序。基于此技术,可以实现自适应用户系统、用户建模和自适应脑界面。自适应用户系统方面,如帮助用户获得信息、推荐产品、界面自适应、支持协同、接管例行工作,为用户裁剪信息、提供帮助、支持学习和管理引导对话等。用户建模方面,目前机器学习是主要的用户建模方法,如神经网络、贝叶斯学习以及在推荐系统中常使用协同过滤算法实现对个体用户的推荐。自适应脑界面方面,如神经分类器通过分析用户的脑电波识别出用户想要执行什么任务,该任务既可以是运动相关的任务(如移动手臂),也可以是认知活动(如做算术题)。

5. 自然语言理解

在"计算机文化"到来的社会里,语言已不仅是人与人之间的交际工具,而且是人机对话的基础。自然语言处理(Natural Language Processing,NLP)是使用自然语言同计算机进行通信的技术,因为处理自然语言的关键是要让计算机"理解"自然语言,所以自然语言处理又叫做自然语言理解(Natural Language Understanding,NLU),也称为计算语言学(Computational Linguistics)。一方面它是语言信息处理的一个分支,另一方面它是人工智能(Artificial Intelligence,AI)的核心课题之一。近年来,自然语言理解技术在搜索技术方面得到了广泛的应用,它以一定的策略在互联网中搜集、发现信息,对信息进行理解、提取、组织和处理,为用户提供采用自然语言进行信息的检索,从而为他们提供更方便、更确切的搜索服务。如今,已经有越来越多的搜索引擎宣布支持自然语言搜索特性,如 Accoona、Google、网易。IBM 公司推出 OmniFind 软件,它采用了 UIMA(Unstructured Information Management Architecture),能将字词背后的含义解释出来,再输出合适的搜索结果。此外,自然语言理解技术在智能短信服务、情报检索、人机对话等方面也具有广阔的发展前景和极高的应用价值,并有一些阶段性成果体现在商业应用中。

1.4 机器人交互分类

1.4.1 按空间尺度分类

依据人和机器人互动沟通的空间尺度,HRI 可分为两类。

(1)远程交互:通常被称为远程操作或监控,人和机器人分布在不同局部空间甚至时间轴上,例如火星漫游者与地球监控人员之间的交互。

(2) 近距离交互:人和机器人局部时空并存,如服务机器人在某一房间内与人的互动。

机器人与人的交互过程必然包含着信息的交流。对于远程交互,显而易见的是机器人与人无法直接观测到对方行为动作,要求交互系统将人的交互指令通过通信传输到机器人,机器人则将自身状态反馈给操作人员。与远程交互不同的是,近距离交互时机器人与人能直接观测到对方的行为动作,结合相关感知技术,对人的行为、情感及意图等进行推理和认知,并产生相应的反应。

1.4.2　按应用分类

根据机器人与人交互时,机器人所扮演的角色进行分类。

(1) 工具:人类将机器人视为执行任务的工具。机器人从完全的被远程操作的对象到只需要在任务级别进行监控的自主系统,系统模型存在显著不同。

(2) 功能延伸:机器人作为人身体一部分,人接受它作为身体的一个组成部分,具备一定的生物功能,如基于 sEMG 或脑电信号的假手和假肢。

(3) 资源支撑:人不仅控制机器人,而且可以利用机器人上获得的即时环境等信息资源。

(4) 伙伴:在作业分工上起到协助作用,在与幼儿教育娱乐等互动应用中,在一定程度上起到娱乐伙伴作用。

(5) 指导:在人机交互中机器人发挥知识传授及领导作用。

(6) 人的化身:相比于前一种应用,人可能将机器人作为其本体的另一个投射实例,以便与另一个人进行远程沟通。机器人则成为社交载体,为虚拟互动提供一种人的社会存在感。

上述范例尽管存在一定程度的区别,但是人和机器人之间总是存在信息的通信和控制方面的内容。同时这些范例在某种程度上又呈现出一定的递进关系,机器人从一种简单被动的人类工具,逐步变为人社交生活的一部分,并可能在某些领域起到指导和支撑作用,因此在信息传递的角色上,机器人从被动到主动,发生了一定程度的转变。

机器人交互的典型应用范例如表 1-1 所示。

表 1-1　HRI 典型应用范例

应用场景	远程/近距离	角色	实　例	传　导　信　息	智能等级
灾难搜救	远程	工具	远程搜救	控制信号、状态信号、视觉信号等	低/中
	近距离	工具	支撑坍塌建筑的不稳定结构	控制信号、状态信号	低/中
医疗卫生	远程	工具	手术机器人	控制信号、状态信号	低/中
	近距离	功能延伸	假手/假肢	肌电信号、控制信号、状态信号	低/中
	近距离	指导	自闭症儿童辅助康复	视觉表情、肢体动作等,视觉信号、语音信号等	中/高

应用场景	远程/近距离	角色	实 例	传 导 信 息	智能等级
军事政治	远程	工具	无人机	控制信号、状态信号	低/中
	近距离	工具/资源支撑	排爆反恐、战斗支撑机器人	控制信号等	低/中
娱乐教育	近距离	指导	博物馆导游机器人	环境信号、视觉信号、语音信号等	中/高
	近距离	伙伴	教育娱乐机器人	环境数据、视觉信号、语音信号等	中/高
极端环境	远程	工具/资源支撑	火星车、月球车	环境数据、视觉信号、语音信号等	中/高
	近距离	伙伴	机器人宇航员	环境数据、视觉信号、语音信号、控制信号等	中/高
家庭环境	近距离	工具	扫地机器人	控制信号、状态信号等	低/中
	近距离	伙伴	助老陪护机器人	环境数据、视觉信号、语音信号等	中/高
工业环境	远程	工具	工业机器人	控制信号、状态信号	低
	近距离	伙伴	辅助搬运机器人	控制信号、状态信号	低
商业环境	远程	人的化身	未来公共场合	环境数据、视觉信号、语音信号等	高

1.5 人机交互应用

人机交互技术的发展极大地促进了计算机的快速发展与普及,已经在制造业、教育、娱乐、军事和日常生活等领域得到广泛应用。

1.5.1 工业

在工业领域方面,人机交互技术多用于产品论证、设计、装配、人机工效和性能评价等,代表性的应用(如模拟训练、虚拟样机技术等)已受到许多工业部门的重视。例如,20 世纪 90 年代美国约翰逊航天中心使用 VR 技术对哈勃望远镜进行维护训练;波音公司利用 VR 技术辅助波音 777 的管线设计;法国标致雪铁龙(PSA)公司利用主动式立体 Barco I-Space5 CAVE 系统、Barco CAD Wall 被动式单通道立体投影系统、A. R. T. 光学跟踪系统、Haption 6D 35-45 和 INCA 力反馈系统等,构建其工业仿真系统平台,进行汽车设计的检视、虚拟装配与协同项目的检测等(图 1-3)。

工业机器人的操作一般通过手持操作器进行操作,例如进行编程、校正、调试等。以库卡(Kuka)机器人为例,图 1-4 所示为 iiwa 机械臂及手持操作器,它通过信号线和电源线与机器人控制器连接,完成信号输送,完成控制操作。手持操作器(smartPAD)主要包括:①触摸屏(触摸式操作界面),用手或配备的触摸笔操作;②大尺寸竖型显示屏;③具备菜单键；④八个移动键；⑤操作工艺数据包的按键；⑥用于程序运行的按键（停止/向前/向后）；⑦显示键盘的按键；⑧更换运行方式的钥匙开关；⑨紧急停止按键；⑩3D鼠标。

图 1-3　Barco Mega CAD Wall 系统

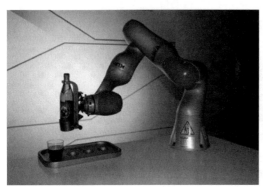

图 1-4　Kuka iiwa 机械臂及操作器

1.5.2　教育

目前已有一些科研机构研发出沉浸式的虚拟世界系统（Virtual World），通过和谐自然的交互操作手段，让学习者在虚拟世界自如地探索未知世界，激发他们的想象力，启迪他们的创造力。

例如，由伊利诺伊大学芝加哥分校的 EVL 实验室和 CEL 实验室合作完成的沉浸式协同环境（Narrative Immersive Constructionist/Collaborative Environment，NICE）系统，可以支持儿童们建造一个虚拟花园，并通过佩戴立体眼镜沉浸在一个由 CAVE 系统显示的虚拟场景中，进行播种、浇水、调整光照、观察植物的生长等，学习相关知识，并进行观察思考等（图 1-5）。

又如科视公司设计并安装的全沉浸式 Christie TotalVIEW™ CAVE 系统，用在威斯康星州密尔沃基举办的著名的 Discovery World 展览中（图 1-6）。这套人机交互式虚拟教育系统主要采用 3D 投影显示技术——Mirage 系列投影机构造沉浸式虚拟环境，参观者能够通过佩戴主动式立体眼镜获得关于生活环境的"近似真实"的体验。

图 1-5 NICE 项目中的虚拟体验

图 1-6 Discovery World 展览

1.5.3 军事

国防军事的需求对人机交互技术的发展起到了很大的推动作用,也出现了很多人机交互技术成功应用的范例,包括从早期的飞机驾驶员培训到今天的军事战略和战术演习仿真等。例如,采用头盔显示器(HMD)取代传统的平视显示器,可以直接显示机载设备管理计算机和综合显示管理计算机处理后的图像和信息。F-35 飞机的分布式孔径系统(DAS)由安装在飞机周围的 6 个红外摄像机组成,它们向头盔发送实时图像,使飞行员能够"透视"。使用这种技术,飞行员无论白天还是黑夜都能看到自己周围的环境,而没有质量或清晰度的损失(图 1-7)。

美国航空航天局(NASA)以代替或辅助航天员完成国际空间站的在轨维护任务为目标,先后研制了机器人宇航员 R1 和 R2,R2 于 2011 年成功安装在国际空间站内,并完成了初步测试。R2 上肢具有 42 个自由度,拥有两个对称的 6 自由度机械臂,末端安装了仿人灵巧手。R2 的自主控制模式实现了多自由度的灵巧控制,但是最主要控制模式仍为临场感遥操作控制。操作者利用头盔、数据手套、位置跟踪器等设备(图 1-8),沉浸在机器人工作环境中,实现机器人遥操作控制,完成了按按钮、掰开关、拧旋钮、使用空气流量计、捕获自由漂浮物体等在轨验证实验。在遥操作控制过程中,为了有效地减少操作者疲劳,使人能够保持在舒适的位置,采用冻结/解冻功能控制机器人是否执行控制指令。

图 1-7 F-35 飞机专用头盔

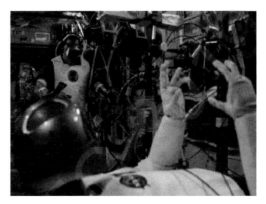

图 1-8 机器人宇航员 R2 临场感交互控制

1.5.4 文化娱乐

在文化娱乐领域,交互设备和交互技术十分重要,可为用户提供良好的交互体验。目前,一些游戏厅、展览馆等场馆的地面式互动投影系统可直接向地面和墙面投射影像,使影像随着进入画面观众的移动而变化,产生与观众互动的影像效果。图 1-9 所示是一个踩球游戏的系统架构示意图,其利用投影技术在地面上随机生成五颜六色的气球,当游戏者参与游戏时,系统可通过摄像机感应参与者的动作,参与者触碰到虚拟球时,球就消失。投影系统在北京奥运会开幕式和第十一届全运会开幕式(图 1-10)上也得到了成功应用。

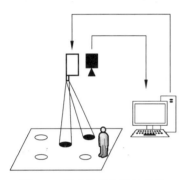

图 1-9　踩球游戏的系统架构

图 1-10　第十一届全运会开幕式场景

面向游戏娱乐领域的专用操作设备也不断出现,如任天堂的 WII 操作手柄和 Kinect 等。WII 里面包含了固态加速计和陀螺仪,可以实现倾斜和上下旋转、倾斜和左右旋转、围着主轴旋转(像使用螺丝刀)、上下加速度、左右加速度、朝向屏幕加速和远离屏幕加速等功能。图 1-11(a)为一款基于 WII 手柄的拳击游戏。Kinect 是一种 3D 体感摄影机(Project Natal),它同时导入了即时动态捕捉、影像辨识、麦克风输入、语音辨识、社群互动等功能。图 1-11(b)为一款 Kinect 游戏。玩家可以通过这项技术在游戏中开车、与其他玩家互动、通过互联网与其他 Xbox 玩家分享图片和信息等。

(a)

(b)

图 1-11　娱乐交互应用实例

(a) WII 手柄游戏;(b) Kinect 游戏

在影视制作领域,动作捕捉等人机交互设备得到了广泛应用。图 1-12 展示了影片《加勒比海盗 3》制作过程中运动捕捉实验室的场景和实时合成的影片效果。

图 1-12 影片《加勒比海盗 3》的运动捕捉设备及虚实融合效果现场预览

又如,英国推出了三维立体电视节目(图 1-13),播放的英式橄榄球比赛画面是通过两台摄像机同时拍摄的,观众通过特制的三维立体眼镜进行观看,有身临其境的感觉,仿佛球员的一举一动就在身边。

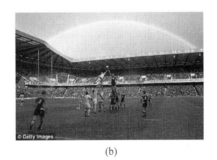

(a) (b)

图 1-13 三维立体电视节目

(a) 拍摄三维立体画面使用的两台摄像机;(b) 橄榄球比赛的三维立体节目画面

1.5.5 体育

各种交互设备和技术在体育训练和报道等过程中也有很多应用。如运动捕捉技术已经广泛应用于田径、高尔夫、曲棍球、举重、铁饼、赛艇等项目。运动捕捉系统在体育训练中可以帮助教练员从不同的视角观察和监控运动员的技术动作,并大量获取某类技术动作的运动参数及生理生化指标等数据,从而统计出其运动规律,为科学训练提供标准规范的技术指导。如图 1-14 所示的曲棍球训练系统能够为教练员和运动员以及科研人员展示很难用肉眼看见的曲棍球运动的动作。

图 1-14 曲棍球运动员利用运动捕捉系统进行辅助训练

1.5.6　生活

人机交互技术已应用于人们日常生活的各个方面。例如,目前流行的苹果 iPhone 手机（图 1-15）采用了多种交互技术,它配备了 Multi-Touch 屏幕,凭借电场来感应手指的触碰,并将感应到的信息传送到 LCD 屏幕;通过内置方向感应器来对动作做出反应,当将 iPhone 由纵向转为横向时,方向感应器会自动做出反应并改变显示方式;通过距离感应器感应距离,当拿起 iPhone 并靠近耳边通话时,自动关闭屏幕以节省电力并防止意外触碰;通过环境光线感应器自动调节屏幕亮度,当处于日光下或明亮的房间时自动调高亮度,在光线暗淡的地方则自动调低亮度;提供强大的中文输入功能,可以根据输入的拼音或笔画建议并预测可能输入的单词或词组;语音控制功能可以用于拨打电话或者播放音乐等。

又如,生物特征识别技术早已在生活中得到广泛应用。如人脸表情识别技术广泛应用于人们日常生活的通信或者安全保护中（图 1-16）。

图 1-15　iPhone 手机的中文输入　　　　图 1-16　人脸识别技术的应用实例

Pepper 是一款人形机器人,由日本软银集团和法国 Aldebaran Robotics 研发,可综合考虑周围环境,并积极主动地做出反应,如图 1-17 所示。机器人配备了语音识别技术、呈现优美姿态的关节技术,以及分析表情和声调的情绪识别技术,可与人类进行交流。在医院,Pepper 机器人可以依靠其拥有的大数据搜集及处理能力为患者提供智能化导诊及康复训练服务,辅助病患数据以及处理医疗报告,并跟踪后续治疗情况。在咖啡店,Pepper 机器人可以依靠强大的客户信息搜集及人脸识别比对功能让老顾客享受到额外优惠、接受下单指令,并回答关于咖啡的各种问题。

1.5.7　医疗

医学方面,虚拟现实交互技术已初步应用于虚拟手术训练、远程会诊、手术规划及导航、远程协作手术等方面,某些应用已成为医疗过程中不可替代的重要手段和环节。如在虚拟手术训练方面,典型的系统有瑞典 Mentice 公司研制的 MIST-VR 系统、Surgical Science 公司开发的 Lapsim 系统（图 1-18）、德国卡尔斯鲁厄研究中心开发的 SelectIT VEST System 系统等。

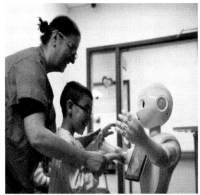

图 1-17 Pepper 机器人及应用实例

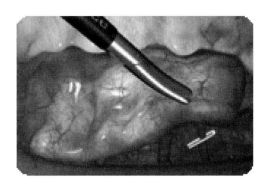

图 1-18 Lapsim 系统及其胆囊切除手术界面

习 题

1.1 什么是人机交互技术？

1.2 简要介绍机器人交互技术的研究内容。

1.3 人机交互技术的发展历史包括哪几个阶段？

1.4 列举几个常见的机器人交互实例。

第 2 章

感知和认知基础

人类主要通过感知与外界交流,进行信息的接收和发送,并认知世界。感知和认知是人机交互的基础。本章主要介绍人的感知模型、认知过程与交互设计原则、认知概念模型的几种表示方法以及分布式认知模型等基本的感知和认知基础知识。

2.1 人 的 感 知

在人与计算机的交流中,用户接收来自计算机的信息,向计算机输入做出反应。这个交互过程主要是通过视觉、听觉和触觉感知进行的。

2.1.1 视觉

1. 视觉感知

有关研究表明,人类从周围世界获取的信息约有 80% 是通过视觉得到的,因此视觉是人类最重要的感觉通道,在进行人机交互系统设计时,必须对其重点考虑。

我们首先了解一下人眼的构造(图 2-1)和工作机理:眼睛前部的角膜和晶状体首先将光线会聚到眼睛后部的视网膜上,形成一个清晰的影像。视网膜由视细胞组成,视细胞分为锥状体和杆状体两种。锥状体只有在光线明亮的情况下才起作用,具有辨别光波波长的能力,因此对颜色十分敏感,特别对光谱中的黄色部分最敏感,在视网膜中部最多;而杆状体比锥状体灵敏度高,在暗光下就能起作用,没有辨别颜色的能力。因此,我们白天看到的物体有色彩,夜里看不到色彩。

视网膜上不仅分布着大量的视细胞,同时还存在一个盲点,这是视神经进入眼睛的入口。盲点上没有锥状体和杆状体,在视觉系统的自

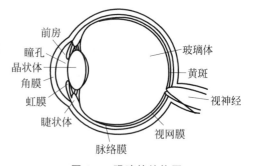

图 2-1　眼睛的结构图

我调节下,人们无法察觉。视网膜上还有一种特殊的神经细胞,称为视神经中枢。依靠它,人们可以察觉运动和形式上的变化。

视觉活动始于光,眼睛接收光线转化为电信号。光能够被物体反射,并在眼睛的后部成

像。眼睛的神经末梢将它转化为电信号,再传递给大脑,形成对外部世界的感知。

视觉感知可以分为两个阶段:受到外部刺激接收信息阶段和解释信息阶段。需要注意的是,一方面,眼睛和视觉系统的物理特性决定了人类无法看到某些事物;另一方面,视觉系统解释和处理信息时可对不完全信息发挥一定的想象力。因此,进行人机交互设计时需要清楚这两个阶段及其影响,了解人类真正能够看到的信息。

下面主要介绍视觉对物体大小、深度和相对距离、亮度和色彩等的感知特点,这对界面设计很有帮助。

1)大小、深度和相对距离

要了解人的眼睛如何感知物体大小、深度和相对距离,首先需要了解物体是如何在眼睛的视网膜上成像的。物体反射的光线在视网膜上形成一个倒像,像的大小和视角有关(图 2-2)。视角反映了物体占据人眼视域空间的大小,视角的大小与物体离眼睛的距离、物体的大小这两个要素有着密切的关系:两个与眼睛距离一样远的物体,大者会形成较大视角;两个同样大小的物体放在离眼睛距离不同的地方,离眼睛较远者会形成较小的视角。立体视觉即是依据两眼间的视角差使得用户感知深度。

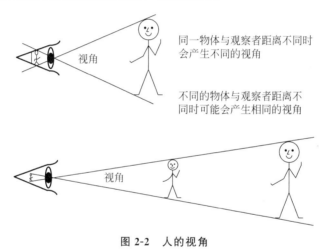

图 2-2 人的视角

视敏度(Visual Acuity,又称视力)是评价人的视觉功能的主要指标,它是指人眼对细节的感知能力,通常用可辨别物体的最小间距所对应的视角的倒数表示。在一定视距条件下,能分辨物体细节的视角越小,视敏度就越大。人的视敏度是很高的,但不同个体间差异也很大。视力测试统计表明,最佳视力是在 6m 远处辨认出 20mm 高的字母,平均视力能够辨认 40mm 高的字母。多数人能在 2m 距离分辨 2mm 间距。在进行界面设计时,对较为复杂的图像、图形和文字的分辨十分重要,需要考虑上述感知特点。

人的视觉景象中有很多线索让人感知物体的深度和相对距离。例如,在单眼线索中常用的有以下几种:

(1)线条透视线索可以通过地平线和平行线条的消失点判断远近关系,如图 2-3(a)所示。

(2)纹理梯度线索可以通过纹理的变化判断深度关系,如图 2-3(b)所示。

(3)遮挡线索可通过遮挡关系确定远近,如果两个物体重叠,那么被部分覆盖的物体被看作是在背景处,自然离得比较远,如图 2-3(c)所示。

（4）熟知大小线索针对熟悉的物体的大小和高度，为人们判断物体的深度提供了一个重要的线索。一个人如果非常熟悉某个物体，他对物体的大小在头脑中事先有一个期望和预测，就会在判断物体距离时很容易和他看到的物体大小联系起来，如图2-3(d)所示。

（5）运动视察线索中通过感知的物体运动速度判断远近关系。例如，坐在火车上时，远处的物体运动速度慢，近处的物体运动速度快。

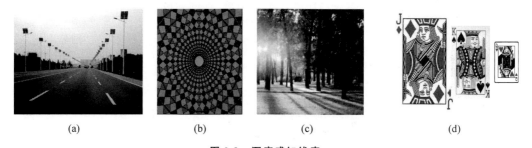

图 2-3   深度感知线索

(a) 线条透视线索；(b) 纹理梯度线索；(c) 遮挡线索；(d) 熟知大小线索

2）亮度和色彩

亮度是光线明亮程度的主观反映，它是发光物体发射光线能力强弱的体现。非发光体的亮度是由入射到物体表面光的数量和物体反射光线的属性决定的。尽管亮度是一个主观反映，但它可以反映物体的明亮程度，增强亮度可以提高视敏度，因此可以使用高亮度的显示器。然而，在高亮度时，只要光线变化低于 $50\,\mathrm{Hz}$，视觉系统就会感到闪烁。随着亮度的增加，闪烁感也会增强。

在正常情况下，人的视觉系统所能做出反应的光强范围为 $10^{-6} \sim 10^{7}\,\mathrm{cd/m^2}$。根据光强对视觉的不同影响，这个范围又划分成暗视觉范围（$10^{-6} \sim 10^{-1}\,\mathrm{cd/m^2}$）、中间视觉范围（$10^{0}\,\mathrm{cd/m^2}$）和明视觉范围（$10^{1} \sim 10^{7}\,\mathrm{cd/m^2}$）。超过 $10^{7}\,\mathrm{cd/m^2}$ 的光强，对人眼有破坏作用；低于 $10^{-6}\,\mathrm{cd/m^2}$ 的光强，人眼就无法觉察到。

为更直观地理解亮度等级差，结合生活经验，人眼可视的亮度是在 6 种主要的数量等级上变化，如图 2-4 所示。人的视觉系统通过对亮度的相对差异做出反应，从而处理这些信息。

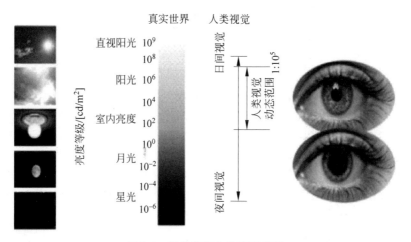

图 2-4   视觉范围内的亮度等级

在设计交互界面时,要考虑使用者对亮度和闪烁的感知,尽量避免使人疲劳的因素,创造一个舒适的交互环境。使用者对亮度的感知受所处环境的影响,例如智能手机可以依据环境光的强弱自动调节亮度,在光线较强的白天,屏幕亮度较高,在光线较弱的夜间,屏幕亮度较低,如图 2-5 所示。

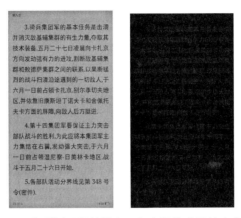

图 2-5　手机"掌阅"阅读器白天和夜间模式下的亮度变化

人能感觉到不同的颜色,是眼睛接受不同波长的光的结果。颜色通常用三种属性表示(更多表示方法见本小节的颜色模型部分):色度、强度和饱和度。色度是由光的波长决定的,正常的眼睛可感受到的光谱波长为 $400\sim700\mu m$。视网膜对不同波长的光敏感度不同,同样强度而颜色不同的光有时看起来会亮一些,有时看起来会暗一些。当眼睛已经适应光强时,最亮的光谱波长大约为 $500\mu m$,近似黄绿色。当波长接近于光谱的两端,即光谱波长为 $400\mu m$(红色)或 $700\mu m$(紫色),亮度就会逐渐减弱。

3) 视错觉

视错觉就是当人观察物体时,基于经验主义或不当的参照形成的错误判断和感知。按照错觉形成的不同现象和成因,视错觉主要分为尺寸错觉、细胞错觉、轮廓错觉、不可能错觉、运动错觉等。

尺寸错觉(深度错觉):是指人们根据深度线索或环境信息等视觉规则对相同面积、长度和体积的物体得出不同认知的现象。例如图 2-6(a)所示的缪勒-莱耶错觉(Muller-Lyer Illusion,箭形错觉),箭头向内中间的线段与箭头向外中间的线段是等长的,但看起来箭头向内的线段比箭头向外的要长;图 2-6(b)所示的艾宾浩斯错觉(Ebbinghaus Illusion),中间的两个圆面积相等,但看起来左边中间的圆大于右边中间的圆。

细胞错觉:指因视觉神经上功能相似的神经元群或神经组织作用对刺激的亮度、颜色、方向模式产生误解的现象,包括视觉后像、侧抑制、填充视觉产生的一些错觉现象。如图 2-6(c)所示,具有同样亮度值的小方块在三个不同亮度的背景下感觉亮度是不同的。

轮廓错觉:专指人和动物对图像边缘梯度信息和环境认知出现错误的现象。包括知觉迷糊、背景错觉等。如图 2-6(d)所示,左图容易被识别为两个人头,右图容易被识别为一个杯子。

不可能错觉:局部平面结构理解合理却不能客观存在的图形,如不可能梯形、不可能三角形等。图 2-6(e)所示是不可能三角形的例子。尽管这个不可能的三角形的任何一个角看起来都是合情合理的,但是从整体来看,就会发现一个自相矛盾的地方:这个三角形的三条边看起来都向后退并同时朝着观察者偏靠。其实,造成不可能图形的并不是图形本身而是人对图形的三维知觉系统,这一系统在形成知觉图形的立体心理模型时起强制作用。

运动错觉:指人结合环境线索对运动刺激判断出错误方向,或者把静态感知为运动的状态的错觉,如循环蛇、辐条错觉等。如图 2-6(f)所示,图中的圆形结构感觉在转动。

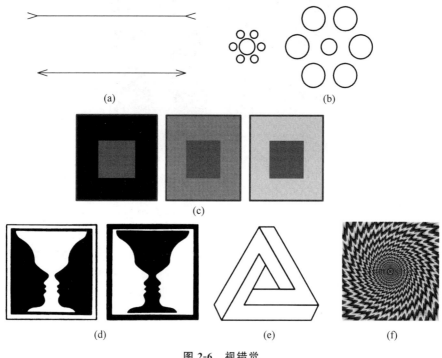

(a)　　　　　　　　　　　　　　　　　　　　(b)

(c)

(d)　　　　　　　　　　(e)　　　　　　　　　　(f)

图 2-6　视错觉

(a)缪勒-莱耶错觉;(b)艾宾浩斯错觉;(c)亮度错觉;(d)背景错觉;(e)不可能三角形;(f)运动错觉

视错觉说明了事物实际的存在形态与事物在人脑中的反映之间存在差别。因此,设计人员应该依据通常情况下事物在人脑中的存在形态进行界面设计。

物体的组合方式将影响观察者的感知方式。人们有时并不能准确地感知几何造型。例如人们总会夸大水平线而缩短垂直线,两条长度相同且相互垂直的线段,在人看来,水平线要比垂线更长;仔细观察一个平面正方形,就会感到垂直方向的两条边应该稍长一点,才更像一个正方形,而水平线总好像比垂线略粗一些。

视错觉同样会影响到界面的对称性。人们经常把对称界面的中心看得稍微偏上些,如果界面以实际中心为基准排版设计,人们就会感到界面上部比下部要短,影响视觉效果。在实际设计过程中,设计者就应以视觉中心为基准设计图形界面。

4)阅读

阅读是人机交互中经常发生的活动之一,在阅读过程中也存在一些人类视觉感知的特点和规律。因此,除了在图形界面设计中应注意一些有关视觉感知的问题,在进行交互界面设计时,也应对文字的排版和显示加以重视,以便提高阅读的有效性。

阅读的过程一般为:界面上文字的形状被人眼感知后,被编码成相关的内部语言表示,最后语言在人脑中被解释成有语法和语义的单词或句子。一般地,成年人每分钟平均阅读250 个字。这个过程主要是通过字的特征(如字的形状)加以识别的。这意味着改变字的显示方式(如用大写字母、改变字体等)会影响到阅读的速度和准确性。阅读和显示屏幕的大小相关。实验表明,在计算机屏幕上 9～12 号的标准字体(英文)更易于识别,页面的宽度在58～132mm 之间阅读效果最佳;在明亮的背景下显示灰暗的文字比在灰暗的背景下显示明亮的文字更能提高人的视敏度,增强文字的可读性。这些都为交互界面设计中文字的页面显示设计提供了依据。图 2-7 给出了手机上 iReader 软件的默认阅读界面,采用 36 号字和浅色背景、黑色字体,对比鲜明,适合用户阅读。

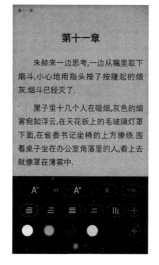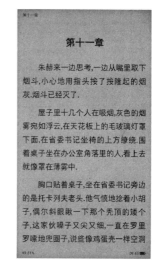

图 2-7　iReader 默认阅读界面

2. 颜色模型

所谓颜色模型就是指某个颜色空间中的一个可见光子集,它包含某个颜色域的所有颜色。例如,RGB 颜色模型就是三维直角坐标颜色系统的一个单位正方体。颜色模型的用途是在某个颜色域内方便地指定颜色,由于每一个颜色域都是可见光的子集,所以任何一个颜色模型都无法包含所有的可见光。大多数的彩色图形显示设备都是使用红、绿、蓝三原色,但是红、绿、蓝颜色模型用起来不太方便,它与直观的颜色概念如色调、饱和度和亮度等没有直接的联系,也不能很好地反映人眼对颜色感知的差别。本节介绍 RGB、CMYK、HSV 等颜色模型,不同的颜色模型之间可以相互转换。

1) RGB 颜色模型

RGB 颜色模型通常用于彩色阴极射线管等彩色光栅图形显示设备中,它采用三维直角坐标系,红、绿、蓝为原色,各个原色混合在一起可以产生复合色,如图 2-8 所示。RGB 颜色模型通常采用图 2-9 所示的单位立方体来表示,在正方体的主对角线上,各原色的强度相等,产生由暗到明的白色,也就是不同的灰度值。(0,0,0)为黑色,(1,1,1)为白色。正方体的其他六个角点分别为红、黄、绿、青、蓝和品红,需要注意的一点是,RGB 颜色模型所覆盖的颜色域取决于显示设备荧光点的颜色特性,是与硬件相关的。

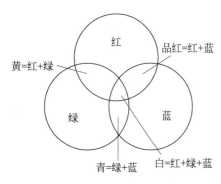

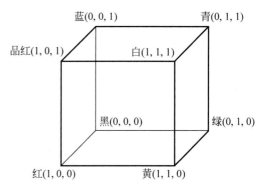

图 2-8　RGB 三原色混合效果　　　　图 2-9　RGB 立方体

2) CMYK 颜色模型

以红、绿、蓝的补色青(Cyan)、品红(Magenta)、黄(Yellow)为原色构成的 CMYK 颜色模型,常用于从白光中滤去某种颜色,又称为减性原色系统。CMYK 颜色模型对应的直角坐标系的子空间与 RGB 颜色模型所对应的子空间几乎完全相同,差别仅仅在于前者的原点为白,而后者的原点为黑。前者是在白色中减去某种颜色来定义一种颜色,而后者是通过从黑色中加入颜色来定义一种颜色。

彩色打印、印刷等应用领域采用打印墨水,彩色涂料的反射光束是显现颜色,是基于 CMYK 颜色模型实现的。下面简单介绍一下颜色是如何画到纸张上的。当我们在纸面上涂青色颜料时,该纸面就不反射红光,青色颜料从白光中滤红光。也就是说,青色是白色减去红色。品红颜料吸收绿色,黄色颜料吸收蓝色。现在假如在纸面上涂了黄色和品红色颜料,那么纸面上将呈现红色,因为白光被吸收了蓝光和绿光,只能反射红光了。如果在纸面上涂了黄色、品红和青色颜料,那么所有的红、绿、蓝光都被吸收,表面将呈黑色。有关的结果如图 2-10 所示。

3) HSV 颜色模型

RGB 和 CMYK 颜色模型都是面向设备的,相比较而言,HSV(Hue,Saturation,Value)颜色模型是面向用户的。该模型对应于圆柱坐标系的一个圆锥形子集(图 2-11),这个模型中颜色的参数分别是:色调(H)、饱和度(S)、明度(V)。圆锥的顶面对应于 $V=1$,代表的颜色较亮。色彩 H 由绕 V 轴的旋转角给定,红色对应角度为 $0°$,绿色对应角度为 $120°$,蓝色对应角度为 $240°$。在 HSV 颜色模型中,每一种颜色和它的补色相差 $180°$。饱和度 S 取值从 0 到 1,由圆心向圆周过渡。由于 HSV 颜色模型所代表的颜色域是 CIE 色度图的一个子集,它的最大饱和度的颜色其纯度值并不是 100%。在圆锥的顶点处,$V=0$,H 和 S 无定义,代表黑色;圆锥顶面中心处 $S=0$,$V=1$,H 无定义,代表白色,从该点到原点代表亮度渐暗的白色,即不同灰度的白色。任何 $V=1$、$S=1$ 的颜色都是纯色。

从 RGB 立方体的白色顶点出发,沿着主对角线向原点方向投影,可以得到一个正六边形,如图 2-11 所示。容易发现,该六边形是 HSV 圆锥顶面的一个真子集。RGB 立方体中所有的顶点在原点,侧面平行于坐标平面的子立方体往上述方向投影,必定为 HSV 圆锥中某个与 V 轴垂直的截面的真子集。因此,可以认为 RGB 空间的主对角线对应于 HSV 空间的 V 轴,这是两个颜色模型之间的一个联系。

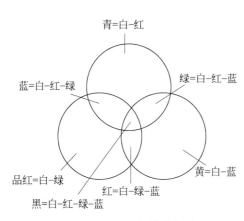

图 2-10　CMYK 原色的减色效果

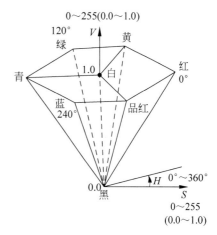

图 2-11　HSV 颜色模型

2.1.2　听觉

1. 听觉感知

听觉感知的信息仅次于视觉。听觉所涉及的问题和视觉一样,即接受刺激,把刺激信号转化为神经兴奋,并对信息进行加工,然后传递到大脑。

声音是由空气的振动引起的,通过声波形式传播,耳朵接收并传播这些振动到听觉神经。耳朵是由三部分组成的(图 2-12):外耳、中耳和内耳。外耳是耳朵的可见部分,包括耳廓和外耳道两部分。耳廓和外耳道收集声波后,将声波送至中耳。中耳是一个小腔,通过耳膜与外耳相连,通过耳蜗与内耳相连。一般地,沿外耳道传递的声波,使耳膜振动,耳膜的振动引起中耳内部的小听骨振动,进而引起耳蜗的振动传递到内耳。在内耳,声波进入充满液体的耳蜗,通过耳蜗内大量纤毛的弯曲刺激听觉神经。

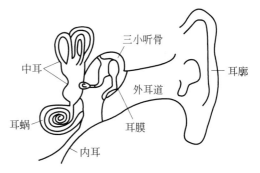

图 2-12　耳朵的构造图

2. 听觉现象

1) 声音的属性

声音可以由音调、音响和音色三个属性来描述。

音调是主要由声波频率决定的听觉特性。声波频率不同,我们听到的音调高低也不同。人能听到的频率范围为 16～20000Hz,其中 1000～4000Hz 是人耳最敏感的区域。16Hz 是人听到的音调的下阈,20000Hz 是人听到的音调的上阈。当频率约为 1000Hz、音响超过 40dB 时,人耳能察觉到的频率变化范围为 0.3%,这是音调的差别阈限。

音调是一种心理量,它和声波频率的变化不完全对应。在 1000Hz 以上,频率与音调的关系几乎是线性的,音调的上升低于频率的上升;在 1000Hz 以下,频率与音调的关系不是线性的,音调的变化快于频率的变化。

　　音响是由声音强度决定的一种听觉特性。强度大,听起来响度高;强度小,听起来响度低。对人来说,音响的下阈为0dB,它的物理强度为$2 \times 10^{-9} \mathrm{N/cm^2}$。上阈约为130dB,它的物理强度约为下阈时物理强度的100万倍。音响还和声音频率有关,在相同的声压水平上,不同频率的声音响度是不同的,而不同的声压水平却可产生同样的音响。

　　音色是指不同声音的频率表现在波形方面总是有与众不同的特性。不同发声体由于材料、结构不同、发出声音的音色也不同,比如每个人发出的声音不一样。因此,即使同一音调和音响的情况下,也能区分不同乐器或人发出的声音。

　　2) 声音掩蔽

　　一个声音由于同时起作用的其他声音的干扰而使听觉阈限上升,称为声音的掩蔽。例如,在一间安静的房屋内,我们可以听到闹钟的滴答声、电冰箱的电机声,而在人声嘈杂的室内或发动机轰响的厂房内,上面这些声音就被掩蔽了。

　　声音的掩蔽依赖于声音的频率、掩蔽音的强度、掩蔽音与被掩蔽音的间隔时间等。与掩蔽音频率接近的声音,受到的掩蔽作用大;频率相差越远,受到的掩蔽作用就越小。低频掩蔽音对高频声音的掩蔽作用,大于高频掩蔽音对低频声音的掩蔽作用。掩蔽音强度提高,掩蔽作用也增加。当掩蔽音强度很小时,掩蔽作用覆盖的频率范围也较小;掩蔽音的强度增加,掩蔽作用覆盖的频率范围也增加。

　　3) 听觉定位

　　人耳不仅能听到声音,还能够判断声音的位置和方位。早期研究认为,人脑识别声源的位置和方位,是利用了两耳听到的声音的混响时间差和混响强度差。前者是两耳感受同一声源在时间先后上的不同,后者表示两耳感受同一声源在响度上的不同。后续研究表明,人耳听觉系统对声源的定位还与身体结构有关,也就是说,人的身体会与声波交互,这也会影响声音质量。声音在进入人耳之前会在听者的面部、肩部和外耳廓上发生散射,这就使得音源的声音频谱与人耳听到的声音频谱产生差异,而且两只耳朵听到的声音频谱也存在差异。这种差异可以通过测量声源的频谱和人耳鼓膜处的频谱获得。通过频谱差异的分析,就可以得出声音在进入内耳之前在人体头部区域的变化规律,即"头部相关传递函数"(Head-Related Transfer Function,HRTF)。利用该函数对虚拟场景中的声音进行处理,那么即使用户使用耳机收听,也能感觉到三维空间中的声音立体感和真实性。

　　4) 听觉适应和听觉疲劳

　　较短时间内处于强噪声环境中,人会感到刺耳、耳鸣等不适,引起听觉迟钝。研究表明,声音高于人的听阈10~15dB时,会导致听觉不适现象,但离开噪声环境几分钟后,听觉可以完全恢复正常,这一现象称为听觉适应,是听觉器官保护性的生理反应。

　　若较长时间处于噪声环境中会明显影响听力。如果听阈提高15dB,离开噪声环境,也需要几小时至几十小时后听力才能恢复,这种现象称为听觉疲劳,也是可恢复的。但产生听觉疲劳以后若继续处在噪声环境中,会导致听觉器官的生理功能性变化,导致器质性病变,即无法恢复的听觉损伤。

2.1.3　触觉和力觉

　　虽然比起视觉和听觉,触觉的作用要弱些,但触觉也可以反馈许多交互环境中的关键信息。如通过触摸感觉东西的冷或热可以作为进一步动作的预警信号,人们通过触觉反馈可以使动作更加准确和敏捷(如用力反馈装置进行虚拟雕刻)。另外,对盲人等有能力缺陷的人,触觉感知对其是至关重要的。此时,界面中的盲文可能是系统交互中不可缺少的信息。因此,触觉在交互中的作用是不可低估的。

触觉的感知机理与视觉和听觉的最大不同在于它的非局部性,人们通过皮肤感知触觉的刺激,人的全身布满了各种触觉感受器。皮肤中包含三种感受器:温度感受器(Thermoreceptors)、伤害感受器(Nociceptors)和机械刺激感受器(Mechanoreceptors),分别用来感受冷热、疼痛和压力。机械刺激感受器又分为快速适应机械刺激感受器(Rapidly Adapting Mechanoreceptors)和慢速适应机械刺激感受器(Slowly Adapting Mechanoreceptors)。快速适应机械刺激感受器可以感受瞬间的压力,而当压力持续时不再有反应;慢速适应机械刺激感受器则对持续压力一直比较敏感,用来形成人对持续压力的感觉。

实验表明,人的身体的各个部位对触觉的敏感程度是不同的,如人的手指的触觉敏感度是前臂的触觉敏感度的 10 倍。对人身体各部位触觉敏感程度的了解有助于更好地设计基于触觉的交互设备。虚拟现实系统就是通过各种手段来刺激人体表面的神经末梢,从而使用户达到身临其境的接触感。

力觉感知一般是指皮肤深层的肌肉、肌腱和关节运动感受到的力量感和方向感。例如用户感受到的物体重力、方向力和阻力等。

虚拟现实系统在触觉和力觉接口方面的研究还比较有限。虽然人们已经制造出了各种刺激用户指尖的手套和其他触觉的力反馈设备,但是它们只是提供简单的高频振动、小范围的形状或压力分布以及温度特性,由此来刺激皮肤表面上的感受器,仍然不能完全满足这方面沉浸感的需要。

2.1.4　内部感觉

除了上述感觉外,机体还会产生内部感觉。内部感觉是指反应机体内部状态和内部变化的感觉,包括体位感觉、深度感觉、内脏感觉等。

体位感觉是对人的躯干和四肢的位置、平衡、关节角度等姿态的感觉。人的体位感受器位于关节、肌肉和深层组织中。感受器分为三种:快速适应感受器(Rapidly Adapting Receptors),用来感受四肢在某个方向的运动;慢速适应感受器(Slowly Adapting Receptors),用来感受身体的移动和静态的位置;位置感受器(Positional Receptors),用来感受人的一条胳膊或腿在空间的静止位置。这些感受器的作用原理比较复杂,例如对关节角度的感知涉及位于皮肤、组织、关节、肌肉内的不同感受器的共同刺激,这些刺激信号组合在一起才能判断出关节信息。这些感觉不仅影响人的舒适感,而且影响人的行为性能。例如,通过键盘进行交互时,手指的相对位置的感知和键盘对手指的力反馈都是非常重要的。

深度感觉提供关节、骨、腱、肌肉和其他内部组织的信息,表现为身体内部的压力、疼痛和振动等感受。这些感受主要与人体内众多肌肉群的收缩和舒张有关。

内脏感觉提供胸腹腔中内脏的状况,当身体出现问题时主要表现为内脏疼痛,这种感觉一般不是由外部引起的,而是由内脏器官的病变引起的。

要实现真正的沉浸感和真实感,以上身体感觉也很重要。目前虚拟现实技术对上述身体感觉的研究还处于起步阶段,还不能通过交互设备完全模拟出上述身体感觉。

2.1.5　感觉通道的适用场合

人的感觉器官各有自身的特性、优点和适应能力。对于一定的刺激,选择合适的感觉通道,能获得最佳的信息处理结果。常用的是视觉通道和听觉通道。在特定条件下,触觉和嗅觉通道也有其特殊用处,尤其在视觉和听觉通道都过载的情况下,将专门的触觉传感器贴在皮肤上可作为一种有价值的报警装置。视觉、听觉和触觉通道的适用场合如表 2-1 所示。

表 2-1　不同感觉通道的适用场合

感觉通道	适 用 场 合	
视觉	1. 传递比较复杂或抽象的信息 2. 传递比较长的或需要延迟的信息 3. 传递的信息以后还要引用 4. 传递的信息与空间方位、位置相关	1. 传递不要求立即做出快速响应的信息 2. 所处环境不适合使用听觉通道的场合 3. 虽适合听觉传递,但听觉已过载的场合 4. 作业情况允许操作者保持在一个位置上
听觉	1. 传递比较简单的信息 2. 传递比较短的或无需延迟的信息 3. 传递的信息以后不再需要引用 4. 传递的信息与时间相关	1. 传递要求立即做出快速响应的信息 2. 所处环境不适合使用视觉通道的场合 3. 虽适合视觉传递,但视觉已过载的场合 4. 作业情况要求操作者不断走动的场合
触觉	1. 传递非常简明、要求快速传递的信息 2. 经常要用手接触机器或其装置的场合	1. 其他感觉通道已过载的场合 2. 使用其他感觉通道有困难的场合

2.1.6　刺激强度与感知大小的关系

1. 韦伯分数

刺激物只有达到一定强度才能引起人的感觉,刚刚能引起差别感觉的刺激物间的最小差异量叫差别阈限(Difference Threshold)或最小可觉差(Just Noticeable Difference, JND)。1834 年,德国生理学家韦伯(Weber)曾系统研究了感觉差别阈限。韦伯认为,为了引起差别感觉,刺激的增量与原刺激量之间存在着某种关系。他提出了以下公式来表示这种关系,即韦伯定律(Weber's Law):

$$K = \Delta I / I$$

其中,I 为标准刺激的强度或原刺激量;ΔI 为引起差别感觉的刺激增量(即 JND);K 为一个常数。对不同感觉来说,K 的数值是不相同的,即韦伯分数不同(表 2-2)。

表 2-2　不同感觉的韦伯分数

感 觉 类 别	韦 伯 分 数
重压(在 400g 时)	0.013＝1/77
视觉明度(在 100 光量子)	0.016＝1/63
举重(在 300g 时)	0.019＝1/53
音响(在 1000Hz 和 100dB 时)	0.088＝1/11

续表

感 觉 类 别	韦 伯 分 数
橡皮气味(在 2000 嗅单位时)	0.104＝1/10
皮肤压觉(在每平方毫米 5g 重时)	0.136＝1/7
咸味(在每千克 3g 分子量时)	0.200＝1/5

　　根据韦伯分数的大小可以判断某种感觉的敏锐程度。韦伯分数越小,感觉越敏锐。

　　韦伯定律虽然揭示了感觉的某些规律,但它只适用于刺激的中等强度。换句话说,只有在中等刺激强度的范围内,韦伯分数才是一个常数。刺激过弱或过强,韦伯分数都会发生变化。

2. 斯蒂文斯的乘方定律

　　20 世纪 50 年代,美国心理学家斯蒂文斯用数量估计法(Magnitude Estimation Method)研究了刺激强度与感觉大小的关系。研究发现,当光刺激的强度上升时,看到的明度也上升。但是,强度加倍并不使感觉到的明度加倍,而只引起明度的微小变化。在强度较高时,这种现象更明显,叫作反应的凝缩(Compression)。

　　斯蒂文斯还发现,对不同刺激物来说,刺激强度与估计大小的关系有着明显的差别。如果刺激为电击,那么刺激量略增加,感觉量将显著增加。如果刺激为线段长度,并让被试者进行估计,那么,反应的大小几乎严格地与刺激量的提高相对应,即线段长一倍,被试者对长短的估计也大一倍,如图 2-13 所示。

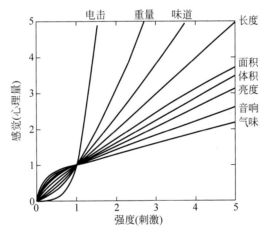

图 2-13　不同感觉的刺激量与估计量之间的关系

　　根据这些研究结果,斯蒂文斯得出心理量并不随刺激量的对数的上升而上升,而是刺激量的乘方函数(或幂函数)。换句话说,感觉到的刺激量的大小与刺激量的乘方成正比。这种关系可用数学式表示为

$$P = KI^n$$

式中,P 是指感觉到的大小或感觉大小;I 指刺激的物理量;K 为常数;n 为由感觉通道的刺激强度决定的幂指数。这就是斯蒂文斯的乘方定律。

　　表 2-3 列举了几种主要感觉的乘方函数的指数 n,每个指数都是在一定条件下测得的。总的来看,对能量分布较大的感觉通道(如视觉和听觉),乘方函数的指数低,因而感觉随着刺激量的增长而缓慢上升,而对能量分布较小的感觉通道(如温度觉和压觉)来说,乘方函数

的指数较高,因而物理量变化的效果更明显。

表 2-3　几种主要感觉的乘方函数的指数

感觉(条件)	指　数	感觉(条件)	指　数
音高(双耳)	0.6	振动(每秒 60 周,手指)	0.95
音高(单耳)	0.55	振动(每秒 250 周,手指)	0.5
明度(5°目标,眼暗适应)	0.33	持续时间(白噪声)	1.1
明度(点光源,眼暗适应)	0.5	重复率(光、音、触、振动)	1.0
亮度(对灰度纸的反射)	1.2	指距(积木厚度)	1.3
气味(咖啡)	0.55	对手掌的压力(对皮肤的静力)	1.1
气味(庚烷)	0.6	重量(举重)	1.45
味觉(糖精)	0.5	握力(测力计)	1.7
味觉(盐)	1.3	发音的力量(发音的声压)	1.1
温度(冷,在手臂)	1.0	点击(每秒 60 周)	3.5
温度(温,在手臂)	1.6		

2.1.7　感知与交互体验

1. 视觉呈现

由于视觉通道是最重要的信息获取通道,因此视觉因素在产品交互设计中颇受重视。目前人们对视觉器官的研究比较深入,而随着交互技术的不断发展,视觉上的体验也得以越来越丰富。现代交互式产品的显示方式已经不仅仅局限于屏幕上的精心设计、色彩丰富的图标或是动态的视频,而是以一种更华丽的方式来呈现。更能满足视觉体验的交互设计和虚拟现实会成为提升用户交互体验的重要因素。赋予视觉元素以"生命感",采用各种可能而新奇的方式也成为设计师最关注的问题。

例如,Mac Funamizu 设计的"SURFACE"是一个 iPhone 的衍生产品,如图 2-14 所示。它带有一个透明的触摸屏、一个扬声器和一台小型投影仪,用来方便地浏览和共享存储在 iPhone 内的照片、歌曲和电影等。它采用左右倾斜 iPhone 的方式来访问里边的文件。令人眼前一亮的是,所有的图标和图像文件都会随机地像瀑布一样倾斜下来,活泼地在透明触摸屏上乱窜,让人联想到打开了水龙头或是公园里的喷泉。你可以通过触摸这些"小水珠"来进行操作。

图 2-14　Mac Funamizu 设计的"SURFACE"

2. 听觉反馈

人们对听觉器官的研究已经很深入，也实现了各种声音的模拟技术。目前人们已经能够充分利用声音的各种参数产生真实的、具有三维立体感的声音效果。

在人与产品交互的过程中，听觉往往作为其他感官的补充而存在。而其作用往往是用来有效地感知反馈。例如在用手机输入文本信息时，伴随着按键的动作会产生不同的蜂鸣声；还有我们熟悉的从回收站里清空垃圾文件，不仅在视觉上文件从回收站里消失了，而且还会伴随一种金属的撕裂的声音，让人很直观地觉得是倾倒垃圾箱的声音，使反馈显得更真实；再如在虚拟射击类游戏中，战斗时队友以及敌人发出的逼真的脚步声、交战时不同武器发出的不同声音，均提高了反馈的真实性，增强了人机交互体验，给用户带来更为沉浸的体验效果。

3. 触觉反馈

在和产品交互的过程中，触感伴随着始终。只要是接触式的操作方式，我们都能真真切切地感受到物体的一些物理性质以及反馈信息。交互设备中的力反馈作用就是触感的一个很好的体现。

触感不仅仅局限于手的感觉，还包括皮肤、肌肉、内耳和其他感觉器官上的触觉和运动感受器的反馈。索尼公司开发的"触觉引擎"（Touch Engine）使用了一个触觉产生器，将电子信号转化为运动，它可以通过振动的节奏、强度及变化的快慢等方面的差异来告知用户是谁打来的电话或来电的紧急程度，让体验来得更具体和实在。

4. 嗅觉设计

相对于视觉和听觉在交互系统中的运用，人们对气味的感知和反应能力还未被很好地利用。但是有观点认为，气味能有效地唤起人的某些情绪。随着交互技术的发展，嗅觉体验正越来越受到重视。

我们可能已经不稀罕宽屏高清显示（视觉体验）、环绕式立体声（听觉体验）之类的多媒体设备了，设计师 David Sweeney 设计的"Surrounded Smell"把我们带入新一波的交互体验中，如图 2-15 所示。这个设备内置有 16 种独特新颖的气味，用一个微电压泵控制，可以根据电视里不同的场景散发出不同的气味，来传达出不同的信息。譬如，当电影情节发展到热带丛林里时，整个房间就会弥漫着一股丛林的味道，从而可以让人产生身临其境的感觉。

图 2-15 环绕式气味（Surrounded Smell）

嗅觉的输入输出在目前的交互系统中运用的还比较少，没有视觉、听觉、触觉来的普遍，但是随着科技的进步和研究的发展，也必定会带来与众不同的体验。

2.2　知觉的特性

人对于客观事物能够迅速获得清晰的感知,这与知觉所具有的基本特性是分不开的。知觉具有选择性、整体性、理解性和恒常性等特性。

2.2.1　知觉的选择性

人所处的环境复杂多样。在某一瞬间,人不可能对众多事物进行感知,而总是有选择地把某一事物作为知觉对象,与此同时把其他事物作为知觉背景,这就是选择性。分化对象和背景的选择性是知觉最基本的特性,背景往往衬托着、弥漫着、扩展着,而对象通常轮廓分明、结构完整。

知觉的对象从背景中分离,与注意的选择性有关。当注意指向某种事物时,这种事物便成为知觉的对象,而其他事物便成为知觉的背景。当注意从一个对象转向另一个对象时,原来的知觉对象就成为背景,而原来的背景转化为知觉的对象。因此,注意选择性的规律同时也就是知觉对象从背景中分离的规律。

有时人可以依据自身目的进行调整,使对象和背景互换。例如双关图(图 2-16)中的少女与老妪,选择这一部分作为对象时,图片的内容是少女;选择另一部分作为对象时,图片的内容是老妪。

2.2.2　知觉的整体性

知觉的对象具有不同的属性,由不同的部分组成。但是,人并不会把知觉的对象感知为个别的孤立部分,而总是把它感知为一个统一的整体,如图 2-17 所示,白背景中的白色三角形和黑背景中的黑色三角形,是作为一个整体被感知的,尽管背景图形似乎支离破碎,但构成的却是一个整体。知觉的这种特性叫做知觉的整体性。

图 2-16　双关图

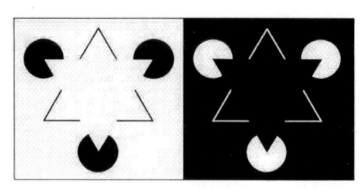

图 2-17　知觉的整体性

正因为如此,当人感知一个熟悉的对象时,哪怕只感知了它的个别属性或部分特征,就可以由经验判知其他特征,从而产生整体性的知觉。例如,面对一个残缺不全的零件,有经验的人还是能马上判知它是何种机器上的何种部件。这是因为过去在感知该事物时,是把它的各个部分作为一个整体来感知的,并在头脑中存留了各部分之间的固定联系。当一个残缺不全的部分呈现到眼前时,人脑中的神经联系马上被激活,从而把知觉对象补充完整。而当对知觉对象是没有经验的或不熟悉时,知觉就更多地以感知对象的特点为转移,将它组织为具有一定结构的整体,即知觉的组织化。依据格式塔心理学理论,视野上相似的、邻近的、闭合的、连续的易组合为一个图形,如图 2-18 所示。

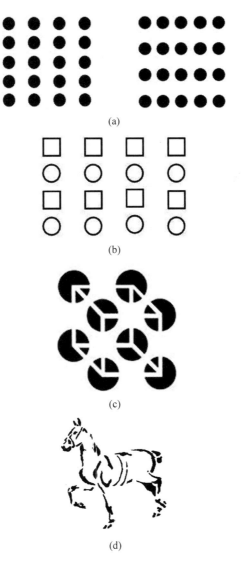

(a)

(b)

(c)

(d)

图 2-18　格式塔知觉组织法则

(a) 接近律:空间距离接近者容易被感知为一个物体;(b) 接近律:
相似(颜色、形状、纹理)的图形会被认为是一个整体;(c) 连续律:把
经历最小变化或最少阻断的直线或者圆滑曲线感知为一个整体;
(d) 闭合律:知觉具有把不完全图形补充为一个完整图形的倾向

格式塔心理学理论提出的知觉组织规律在交互页面设计中有很大的应用价值,例如结合接近律来进行设计,无需额外的线框就能清晰地把网页的菜单栏中不同级别或不同类别的标题区分开,如图 2-19 所示。

图 2-19　网页导航设计中的格式塔理论应用

2.2.3　知觉的理解性

知觉的理解性是指在知觉过程中,人利用过去所获得的有关知识经验,对感知对象进行加工理解,并以概念的形式标示出来。其实质是旧经验与新刺激建立多维度、多层次的联系以保证理解的全面和深刻。在理解过程中,知识经验是关键。

对知觉对象的理解情况与知觉者的知识经验直接相关。例如,对一张 X 光片,不懂医学知识的人是无法从中得到具体信息的,而放射科医师就能从 X 光片中看出身体某部分的病变情况。

2.2.4　知觉的恒常性

当客观条件在一定范围内改变时,人的知觉映像在相当程度上却能保持着它的稳定性,即知觉的恒常性。知觉的恒常性是个体知觉客观事物的重要知觉特征,它在视知觉中表现得比较明显。恒常性的种类有大小恒常性、形状恒常性、方向恒常性、明度(或视亮度)恒常性、颜色恒常性等几种类型。

大小恒常性指在一定范围内,个体对物体大小的知觉不完全随距离变化而变化,也不随视网膜上视像大小而变化,其知觉映像始终按实际大小知觉的特征。例如,远处的一个人向你走近时,他在你视网膜中的图像会越来越大,但你感知到他的身材却没有什么变化。

形状恒常性指个体在观察熟悉物体时,当其观察角度发生变化而导致在视网膜的影像发生改变时,其原本的形状知觉保持相对不变的知觉特征。如在观察一本书时,不管你从正上方看还是从斜上方看,看起来都是长方形。

方向恒常性指个体不随身体部位或视像方向改变而感知物体实际方位的知觉特征。例如,人身体各部位的相对位置时刻在发生变化,弯腰时、侧卧时、侧头时、倒立时等,当身体部位一旦改变,与之相应的环境中的事物的上下左右关系也随之变化,但人对环境中的知觉对象的方位的知觉仍保持相对稳定,并不会因为身体部位的位置改变而变化。

明度恒常性指当照明条件改变时,人知觉到的物体的相对明度保持不变的知觉特征。例如,将黑、白两匹布一半置于亮处,一半置于暗处,虽然每匹布的两半部分亮度存在差异,但个体仍把它知觉为是一匹黑布或一匹白布,而不会知觉为是两段明暗不同的布料。

颜色恒常性指个体对熟悉的物体,当其颜色由于照明等条件的改变而改变时,颜色知觉不因色光改变而趋于保持相对不变的知觉特征。如室内的家具在不同色光照明下,对其颜色知觉仍保持相对不变;一面红旗不管在白天或晚上、在路灯下或阳光下、在红光照射下或黄光照射下,人都会把它知觉为红色。

知觉恒常性为解决计算机图像理解和物体识别等经典计算机视觉难题提供了思路。例如,大小恒常性理论有助于解决物体识别中的视点不变难题,大小是表示物体的一个重要属性,因此计算图像物体的正常大小对于图像识别意义重大。

2.3　认知过程与交互设计原则

认知是人们在进行日常活动时发生于头脑中的事情,它涉及认知处理,如思维、记忆、学习、幻想、决策、看、读、写和交谈等。D. A. Norman 把它们划分为两个模式:经验认知和思维认知。经验认知指的是有效、轻松地观察、操作和响应周围的事件,它要求具备某些专门知识并达到一定的熟练程度,如使用 Word 字处理软件编辑文档等。思维认知则有所不同,它涉及思考、比较和决策,是发明创造的来源,如设计创作等。这两个模式在日常生活中都是必不可少的,只是二者需要不同类型的技术支持。

2.3.1　常见的认知过程

认知涉及多个特定类型的过程,包括感知和识别、注意、记忆、问题解决、语言处理等。许多认知过程是相互依赖的,一个认知活动往往同时涉及多个不同的过程。例如,人们在用软件进行动画设计时就涉及感知和识别、注意等过程。下面将详细描述与交互设计相关的几种主要的认知过程,并根据各认知过程的特点归纳总结出进行人机交互界面设计时应注意的一些问题。

1. 感知和识别

人们可以使用感官从环境中获取信息,并把它转变为对物品、事件、声音和味觉的体验。对有视力的个体来说,视觉是最重要的感觉,其次是听觉和触觉。在交互设计时,应采用适当的形式表示信息,以便用户更好地理解和识别它的含义。如中国象棋的位图设计成"相"这个棋子的形状,就很容易让用户想到这是一个中国象棋游戏。

在结合不同的媒体表示信息满足不同感官的感知时,应确保用户能够理解它们表示的复合信息。例如,对于虚拟世界中的虚拟人物,应该保证其唇形与所说的话同步,否则,两者之间的微小延迟都会使人难以忍受。

根据人的关注特点,在设计人机交互界面时具体应该注意的问题有以下几点。

(1) 用户应能不费力地区别图标或其他图形表示的不同含义。

(2) 文字应清晰易读,且不受背景干扰。

(3) 声音应足够响亮且可辨识,应使用户能够容易理解输出的语音及其含义。

(4) 在使用触觉反馈时,反馈应可辨识,以便用户能识别各种触觉表示的含义等。

2. 注意

注意作为认知过程的一部分,通常是指选择性注意,即注意是有选择地加工某些刺激而忽视其他刺激的倾向。它是人的感觉(视觉、听觉、味觉等)和知觉(意识、思维等)同时对一定对象的选择指向和集中(对其他因素的排除)。例如侧耳倾听某人的说话,而忽略房间内其他人的交谈;或者在观看足球比赛时一直关注拿球队员等。

注意有两个基本特征:一个是指向性,是指心理活动有选择地反映一些现象而离开其余对象;二是集中性,是指心理活动停留在被选择对象上的强度或紧张感。

1) 注意的功能

注意是一种复杂的心理活动,有以下一系列功能。

(1) 选择功能

注意的基本功能是对信息进行选择,使心理活动选择有意义的、符合需要的、与当前活动任务相一致的各种刺激;避开或抑制其他无意义的、附加的、干扰当前活动的各种刺激。

(2) 保持功能

外界信息输入后,每种信息单元必须通过注意才能得以保持,如果不加以注意,就会很快消失。因此,需要将注意对象的一项或多项内容保持在意识中,一直到完成任务、达到目的为止。

(3) 对活动调节和监督功能

有意注意可以控制活动向着一定的目标和方向进行,使注意适当分配和适当转移。

2) 注意的品质

注意的品质对认知过程有重要影响。注意的品质包括以下几项。

(1) 注意的广度

注意的广度也叫注意的范围,是指一个人在同一时间里能清楚地把握对象的数量。一般成人能同时把握4~6个没有意义联系的对象。注意的广度随着个体经验的积累而扩大。同时,个体的情绪对注意的广度也有影响,情绪越紧张,注意广度越小。

(2) 注意的稳定性

注意的稳定性是个体在较长时间内将注意集中在某一活动或对象上的特性。与之相反的注意品质是注意的分散。个体的需要和兴趣是注意稳定性的内部条件;活动内容的丰富性和形式的多样性是注意稳定的外部条件。

(3) 注意的分配

注意的分配也就是通常所说的"一心二用",是指个体的心理活动同时指向不同对象的特点。如一边在计算机上看电影,一边编辑文档。注意分配的条件是:同时进行的活动只有一种是不熟悉的,其余活动都达到了自动化的程度。

（4）注意的转移

注意的转移是个体根据新的任务，主动地把注意由一个对象转移到另一个对象上。注意的转移要求新的活动符合引起注意的条件。同时，注意的转移与原注意的强度有关。原注意越集中，转移就越困难。

3）注意的相关方面

注意这一过程主要与两个方面有关：目标和信息表示。

（1）目标

如果确切知道需要找什么，人们就可以把获得的信息与目标相比较，如用 Windows XP 的搜索功能查找文件后，对搜索出的结果与想要查找的目标相比较。如果不太清楚究竟找什么，我们就可以泛泛地浏览信息，期望发现一些有趣或醒目的东西，如随意浏览新浪首页，以便发现感兴趣的内容。用户在浏览时，可能并不知道自己需要查找什么，看看标题，可能会发现自己感兴趣的内容，再重点阅读。

（2）信息表示

信息的显示方式对于人们能否快速捕捉到所需的信息片断有很大的影响。分类显示的信息就比较便于人们查找。图 2-20 是 Windows 8 系统中的应用列表，提供名称、日期、使用频率、类别四种排列方式，让用户容易按照自己的需求快速定位到想运行的应用程序。

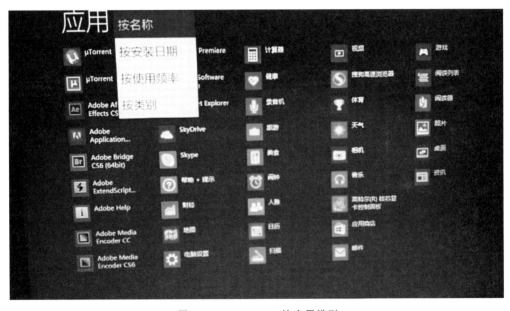

图 2-20　Windows 8 的应用排列

根据人的注意特点，在设计人机交互界面时应做到以下几点：

- 信息的显示应醒目，如使用彩色、下画线等进行强调。
- 避免在界面上安排过多的信息，尤其要谨慎使用色彩、声音和图像，过多地使用这类表示易导致界面混杂，分散用户的注意力。
- 界面要朴实，朴实的界面更容易使用。

3．记忆

记忆作为一种基本的心理过程，是和其他心理活动密切联系着的。在知觉中，人的经验有重要的作用,没有记忆的参与,人就不能分辨和确认周围的事物。在解决复杂问题时,由记忆提供的知识经验起着重大作用。

记忆就是回忆各种知识以便采取适当的行动。记忆过程有三个环节:识记、保持、再认和回忆。识记相当于信息的输入和编码过程,也就是使不同感官输入的信息经过编码而成为头脑可接受的形式;保持相当于信息的存储,即信息在头脑中被再加工整理,使其成为有序的组织结构,以便存储;再认和回忆相当于信息的提取,编码越完善,组织越有序,提取也就越容易,反之,提取越困难。人们不可能记住所有看到的、听到的、尝到的、闻到的和触摸到的东西,而且也不希望如此,否则人们的头脑就会不堪重负。这就需要一个"过滤"处理,以决定需要进一步处理和记住的信息。

这个过滤过程首先是编码处理,它决定要关注环境中的哪一个信息以及如何解释它。编码处理能够影响人们日后能否回忆起这个信息,越是关注某件事情,对它进行越多的处理,人们就越可能记住它。例如,在学习中多琢磨、仔细比较、和别人讨论都有助于记住所学知识,而不是被动地阅读或观看电视讲解。可见,如何解释所遇到的信息对于信息在记忆里的表示以及日后的使用有很大的影响。

信息编码的上下文也会影响记忆的效果。人们有时需要依靠某种联想才能回忆起某件事情,触景生情就是信息编码的上下文在起作用。

另一个记忆现象是:人们识别事物的能力要远胜于回忆事物的能力。而且,某些类型的信息要比其他类型的信息更容易识别。例如,人们非常擅长识别图片,即使以前只是匆匆浏览过。

图形用户界面为用户提供了可视化的操作选项,用户可以浏览并从中找出需要执行的操作,因而不再需要牢记数百条或上千条命令名称。同样,Web 浏览器提供了"书签"和"收藏"功能,用于把浏览过的一些 URL 组织成为可视化清单。这意味着用户在查阅 URL 的记忆清单时,只需要识别某个网站的名称即可。

计算机的广泛应用为人们带来了非常大的方便,同时也带来了过大的记忆负担。"文件管理"是一个让计算机用户日益头疼的问题。人们每天在创建新文件、下载新图像和影视文件、存储电子邮件和附件时,带来的一个主要问题是,日后如何找到所需的文件? 文件命名是最常用的编码方式,但是要回想起以前创建的文件名并不容易,尤其是在成千上万个文件名的情况下。

另一个记忆负担的例子是日益增多的"口令",计算机提供的各种服务需要进行身份的认证,如用户登录计算机系统、检查 E-mail、ATM 机取款等,都要求用户输入自己的口令。并且一般情况下,为了不易被人识破,人们经常被要求采用一些无实际意义的字符串作为自己的口令,更增加了记忆的负担。

如何利用人的记忆特点减轻人的记忆负担是设计交互系统时需要重点解决的问题。英国心理学家建议把信息的检索分为两个过程:先是定向记忆,后是扫描识别。前一个过程指的是使记忆中的信息尽可能贴切地描述所需检索的信息。如定向回忆失败,无法获得所需信息,则进入下一个过程,即浏览各个文件目录。根据这一理论,一个好的文件管理系统应允许用户使用自己的记忆来尽可能地缩小搜索空间,并在界面上显示这个搜索空间,这样就能够有效地帮助用户查找所需的内容。Windows 8 系统为用户提供了许多有助于记忆的文档编码和属性,如建立时间和最后修改时间戳、文件类型、文件大小等,搜索文件时允许用户根据对文件编码和属性的记忆描述文件,从而有效地减小搜索空间。图 2-21 是 Windows 8 系统提供的文件搜索界面,用户可以依据定向记忆选择搜索文件的类型、修改日期、大小等信息,由系统完成扫描识别。

图 2-21 Windows 8 系统文件搜索界面

对于记忆口令问题,许多系统根据记忆的上下文能够帮助人们回忆这一特性,允许用户输入口令的同时输入自己感兴趣的问题及问题的答案,通过一些有意义的上下文提示帮助用户记忆自己的口令。

综上所述,考虑人的记忆特点,进行交互设计时应该注意的问题有以下几点:

(1) 应考虑用户的记忆能力,勿使用过于复杂的任务执行步骤。

(2) 由于用户长于"识别"而短于"回忆",所以在设计界面时,应使用菜单、图标,且它们的位置应保持一致。

(3) 为用户提供多种信息(如文件、邮件、图像)的编码方式,并且通过颜色、标志、时间戳、图标等帮助用户记住它们的存放位置。

4. 问题解决

问题解决是由一定的情景引起的,按照一定的目标,应用各种认知活动、技能等,经过一系列的思维操作,使问题得以解决的过程。问题解决的过程一般包括理解问题、制订计划、实施计划、检验结果四个步骤。这个认知过程是要考虑做什么、有哪些选择、执行某个活动会存在什么结果等。它们都属于"思维认知"过程,通常涉及有意识的处理(知道自己在思考什么)、与他人(或自己)讨论以及使用各种制品(如地图、书本、笔和纸)。在实际决策中,往往包含多种可能的行动方案,需要分析比较,择优选用。例如,人们在互联网上查找信息时,往往会比较不同的信息来源。正如人们买东西时会多方询问价格,也可以使用不同的搜索引擎,找出价格最合适或提供了最佳信息的网站。

人的思维认知能力取决于在相关行业的经验以及对应用和技能的掌握程度。新手往往只具备有限的知识,因此,通常要借助其他知识来做一些假设。他们需要试验和探索各种执行任务的方法,在一开始他们可能会频频犯错、操作效率低,也可能因为直觉错误,或者由于缺乏预见能力而采取一些不合理的方法。相比之下,专家们则具备更丰富的知识和经验,且能够选择最优的策略来完成任务。他们也具备预见能力,能够预见某个举动或解决方案会有什么样的结果。

人机交互设计时应考虑在界面中隐藏一些附加信息,专门供那些希望学习如何更有效地执行任务的用户访问。

5. 语言处理

语言处理包括阅读、说话和聆听三种形式,它们具有一些相同和不同的属性。相似性之一是,不论用哪一种形式表示,句子或短语的意思是相同的。但是,人们对阅读、说话和聆听的难易有不同的体会。例如,许多人认为聆听要比阅读容易得多,但学习外语时,阅读要比聆听容易。以下是阅读、说话和聆听三种形式的不同之处:

- 书面语言是永久性的,而聆听是暂时性的。若第一次阅读时不理解,可以再读一遍,但对于广播消息,则无法做到这一点。
- 阅读比听、说更快。人们可以快速扫描书面文字,但只能逐一听取其他人所说的词语。
- 从认知的角度来看,听要比读和说更容易。儿童尤其喜欢观看基于多媒体或 Web 的叙述性学习材料,而不喜欢阅读在线文字材料。
- 书面语言往往是合乎语法的,而口头语言常常不符合语法。
- 人们对使用语言的方式也有不同的偏好,有些人更喜欢读而不喜欢听,有些人则相反;同样,也有些人喜欢说而不喜欢读。
- "诵读困难"的人很难理解和识别书面文字,因此也很难正确写出符合文法的句子。
- 有听觉或视觉障碍的人在语言处理方面也有很大限制。

利用人的阅读、说话和聆听的能力,人们开发了许多应用系统,如便于残疾人使用的系统、帮助人们学习的交互式课本等。

从方便用户阅读、说话和聆听的角度,在进行人机界面设计时应注意以下三点:

(1) 尽量减少语音菜单、命令的数目。研究表明,人们很难掌握超过三四个语音选项的菜单的使用方法,人们也很难记住含有多个部分的语音指令。

(2) 应重视人工合成语音的语调,因为合成语音要比自然语音难以理解。

(3) 应允许使用和自由放大文字,同时不影响格式,以方便难以阅读小字体的用户。

2.3.2 影响认知的因素

1. 情感

上述讨论集中在人在正常情况下的感知和认知特点。但是人的行为远非如此简单。情感因素会影响人的感知和认知能力。例如,积极的情感会使人的思考更有创造性,解决复杂问题的能力更强,而消极的情感使人的思考更加片面,还会影响其他方面的感知和认知能力;当一个人处于放松状态时,推理、判断能力会比较强,而当其受到挫折或感到害怕时,正常推理、判断能力就会受到影响。

当一个人处于积极的情感状态时,对系统中的交互设计缺陷可能不会太在意,但这决不能成为可以设计一个较差的交互系统的理由。一个差的交互系统会反过来影响一个人的情绪,从而影响他解决问题的能力。一个好的交互系统应该能够充分考虑人在各种情感状态下的认知特点,有针对性地进行交互设计。

2. 个体差异

以上讨论的是关于一般人的认知特点,我们不自觉地做了这样一个假设:每个人有相似的认知能力和局限。在一定程度上这样做是正确的,因为认知心理学理论和方法只面向绝大多数人。但是进行交互系统设计时还是不应该忘记人是存在个体差异的。这种差异可能是长期的,如性别、体力和智力水平;也可能是短期的,如压力和情感因素对人的影响;还可能是随时间变化的,如人的年龄等。

人的个体差异应该在进行人机交互设计时被充分考虑。当进行任何一种交互形式设计时,应该考虑我们的决定是否会给目标用户中的一部分带来不便。明确地排除某类人作为系统的用户是极端的,而现有的强调图形界面的交互设计实际上排除了那些有视力缺陷的人,因此系统应考虑提供其他的感知通道为他们服务。更一般地,交互设计还应该面向正在承受巨大压力的、感觉沮丧或心烦意乱的用户,考虑当他们的感知和认知能力不能达到正常水平时需要的交互方式。

3. 动机和兴趣

动机是指激发、指引、维持或抑制心理活动和意志行为活动的内在动力。需要产生动机,在需要与愿望的驱使下,形成内部动力,从而激发或指引满足需要的行为,形成了动机。兴趣是人们在研究事物或从事活动时产生的心理倾向,是激励人们认识事物与探索真理的一种内部倾向。兴趣本质是一种社会性动机的重要诱因。兴趣和动机会影响认知过程。如果个体从事感兴趣的活动,往往会激发更为积极的认知过程,有利于增加探索活动并提升认知评价。而且,兴趣和动机的提高也有助于获得更高的参与程度和更优的活动体验。因此在交互设计时,通过设计提升用户的动机和兴趣应该被作为影响用户认知的重要因素加以考虑。

2.4 概念模型及对概念模型的认知

2.4.1 概念模型

交互系统设计中最重要的就是要建立一个关于交互的概念模型。设计的首要任务就是创建明确、具体的概念模型。这里的所谓概念模型,指的是一种用户能够理解的关于系统的描述,它使用一组构思和概念,描述系统做什么、如何运作、外观如何等。

一个概念模型的优劣直接影响交互系统的用户友好程度。对一个概念模型的评价,主要看是否满足用户的需要,是否容易为用户所理解。因此设计开发一个概念模型的关键过程应包括两个阶段:首先是了解用户任务需求,然后选择交互方式,并决定采用何种交互形式(是使用菜单系统,还是使用语音输入或命令式的系统)。交互方式与交互形式概念上是不相同的。交互方式是对系统交互更高层次的描述,它关心的是如何支持用户的交互活动,而交互形式是系统交互较低层次的描述,关心的是以哪种界面类型来实现交互,比如同样的文本输入,可以使用键盘的输入、选择输入或语音输入等。

同软件系统的迭代开发过程一样,一个完整的概念模型也是一步步充实起来的,我们可以使用各种方法(包括草拟构思、使用情节串联法、描述可能的场景和设计原型系统等),通过不断地与用户交流,逐步完善交互系统的概念模型。

2.4.2 对概念模型的认知

一个系统能够做到让用户满意,除了在设计开始阶段建立一个好的概念模型以外,还应该考虑如何根据人的认知特点,提供多种手段,使用户能尽快理解关于系统概念模型的构思。

Norman 提出了一个用于说明"设计概念模型"与"用户理解模型"之间关系的框架,如
图 2-22 所示。本质上,它包含设计师、用户和系统三
个相互作用的主体,而在它们背后就是相互联系的三
个概念模型。

设计模型——设计师设想的模型,描述系统如何
运行。

系统映像——系统实际如何运行。

用户模型——用户如何理解系统的运行。

在理想情况下,这三个模型应能互相映射,用户通
过与系统映像相交互,就应该能按照设计师的意图(体
现在系统映像中)去执行任务。但是,若系统映像不能
明确地向用户展示设计模型,那么用户很可能无法正确理解系统,因此在使用系统时不但效
率低,而且易出错。

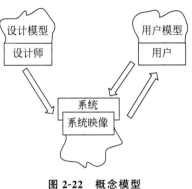

图 2-22   概念模型

下面从人们不同的认知特点出发,讨论用户如何理解系统概念模型。

1. 思维模型

人们在学习和使用系统的过程中,积累了有关如何使用系统的知识,而且在一定程度上
也积累了有关系统如何工作的知识。这两个类型的知识就是通常所谓的用户"思维模型"。
在认知心理学中,思维模型被认为是外部世界的某些因素在人脑中的反映,掌握和运用思维
模型使得人们能够进行推测和推理。

若用户已经有了一个关于交互式系统的完整的思维模型,他们在使用交互式产品时就
会使用这个思维模型进行推理,找出如何执行任务的方法。另外,当系统发生异常或者用户
遇到不熟悉的系统时,用户也将使用这个思维模型来考虑怎么办。人们对于系统以及它如
何工作了解得越多,他们的思维模型就越完善。如果用户拥有关于某个交互式系统的好的
思维模型,他们就能更有效地执行任务,而且在系统故障时能应对自如。但在日常生活中,
存在很多由于思维模式问题影响人们行动的事例。如用浏览器打开某链接时,若网速较慢,
用户总认为按鼠标的次数越多,就越容易连通网络,所以会不停地单击鼠标或不停地刷新。
研究表明,人们所具备的关于交互式系统如何工作的思维模式通常是不完整的、混乱的,或
者是基于不恰当的类比或不正确的直觉。用户有时在操作系统时之所以感觉沮丧,就是因
为没有正确的思维模型来指导他们的行为,得不到他们所预期的结果。

在理想情况下,用户的思维模型应与设计人员创建的概念模型相符。提供好的培训是
帮助用户达到这个目标的方法之一。但是,许多人不愿意花很多时间去学习系统如何工作,
尤其不愿意阅读手册和其他帮助文档。为此,一个交互式系统在设计时,应该开发一个易于
用户理解的系统映像,应该做到及时响应用户的输入并给出有用的反馈,提供易于理解、直
观的交互方式。

此外,一个好的交互系统还需要提供正确的信息类型以及正确的信息层次,以针对不同
层次的用户,提供不同层次的系统透明度。这方面包括:

(1) 有条理的、易于理解的说明。

(2) 合适的在线帮助和自学教程。

（3）上下文相关的用户指南，即针对不同层次的用户，提供在不同的任务阶段应如何处理各种情况的解释说明。

2. 信息处理模型

在认知心理学中，人们把大脑视为一个信息处理机，信息通过一系列有序的处理阶段进、出大脑。在这些阶段中，大脑需要对思维表示（包括映像、思维模式、规则和其他形式的知识）进行各种处理（如比较和匹配）。

有了"信息处理模型"，就能够预测人们执行任务时的效率，如可以推算用户的反应时间，信息过载时会出现什么样的瓶颈现象等。信息处理模型把认知概念化为一系列的处理阶段（图 2-23）。借助于信息处理模型，相关人员可以预测用户在与计算机交互过程中涉及哪些认知过程，用户执行各种任务需要多长时间。这个方法非常适合于比较不同的界面，研究人员曾使用它比较不同的字处理器，评估了它们支持各种编辑任务的性能。

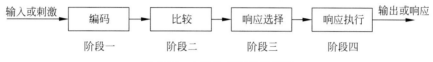

图 2-23　大脑的信息处理模型

信息处理模型主要利用"信息处理"观点模拟大脑的工作过程，建立各种思维活动的模型，且这些思维活动完全发生于人脑内。然而在大多数的认知活动中，人们都需要同信息的外部表示（如书本、文档和计算机）进行交互，更不用说同其他人的交互了。但有人认为，信息处理模型这种方法只是考虑纯粹的智能活动，把这种活动同外界的干扰源以及人工辅助物隔离开来。目前，人们更加认同在认知发生的上下文中研究、分析认知过程，其主要目标是分析环境中的结构如何帮助人类认知，并减轻认知负担。研究人员也提出了许多其他的替代框架，包括外部认知和分布式认知。

3. 外部认知模型

人们需要同各种外部表示进行交互，并且使用它们来学习和积累信息。这些外部表示包括书本、报纸、网页、多媒体、地图、图表等。人们还开发了众多的工具来帮助认知，例如笔、计算器、计算机等。外部表示与物理工具相结合大大增强了人们的认知能力，事实上，它们是不可缺少的组成部分，没有了它们，很难想象人们日常如何生活。

外部认知是要解释人们在与不同外部表示相交互时涉及的认知过程。其主要目的是要详细说明在不同的认知活动、认知过程中使用不同表示的好处，主要包括以下几点。

（1）将信息、知识表面化以减轻记忆负担。为了减轻记忆负担，人们开发了各种把知识转变为外部表示的策略。其中一个策略是把难以记住的东西（如生日、联系方式）具体化、表面化，例如备忘录、记事本和日历通常就用于这个目的，即作为一种外部提醒。

（2）设计有利于人的信息表示及处理工具，减轻计算或操作负担。

（3）标注和认知追踪。"表面化"认知的另一个方法是修改表示以反映已发生的变化。例如，人们经常在"待处理事件清单"中划去一些项，以表示它们已经完成。人们也可能重新组织环境中的对象，如在工作性质改变时创建不同的文件。这两个类型的修改即称为"标注和认知追踪"。如在线学习系统中，可以使用交互式图表突出已访问的节点、已完成的练习以及尚待学习的内容，让用户随时了解学习的进度，如图 2-24 所示。

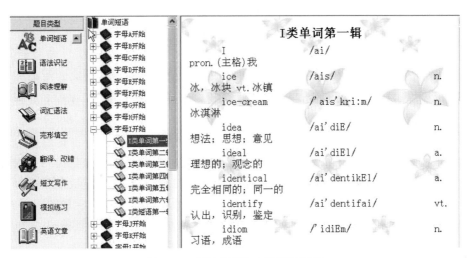

图 2-24　便于交互的在线学习系统

使用基于外部认知的方法进行交互设计时,总体原则是要在界面上提供外部表示,以减轻用户的记忆和计算负担。为此,设计人员需要提供不同类型的可视化信息,以便用户解决某个问题,扩充和增强认知能力。例如,人们已经开发了许多信息和可视化技术,可用于表示大量的数据,同时允许用户从不同的角度进行交叉比较。设计良好的图形界面也能大大减轻用户的记忆负担,用户能够依赖外部表示提供的线索与系统进行交互。

2.5　分布式认知

2.5.1　基本概念和定义

直到 20 世纪 90 年代,认知心理学还一直注重对个体认知的研究,然而人类的认知过程不仅依赖于认知主体,还涉及其他认知个体、认知对象、认知工具及认知情境。20 世纪 80 年代中后期,美国加利福尼亚大学的 Edwin Hutchins(赫钦斯)提出了分布式认知(Distributed Cognition)的观点,他认为认知是分布式的,认知现象不仅包括个人头脑中所发生的认知活动,还涉及人与人之间以及人与某些技术工具之间通过交互实现某一活动的过程。随着计算机、移动电话、互联网等工具的日益普及,人类许多认知活动(如计算机支持的协同工作、远程教育等)越来越依赖于这些认知工具,分布式认知理论和方法逐渐被人们所重视。

分布式认知中,表象(Representation)和人工制品(Artifact)是两个重要概念。表象是指信息或知识在心理活动中的表现和记录方式,是外部事物在心理活动中的内部再现,一方面它反映客观事物,代表客观事物,另一方面又是心理活动进一步加工的对象。内部表象是指人的大脑中的记忆,外部表象指除了人自身的外部事物,如计算机、纸等表示的信息和知识。人工制品是指人工制造的仪器、符号、程序、机器、方法、模式、理论、法规以及工作组织的形式等。

分布式认知是一种将认知主体和环境看作一体的认知理论,分布式认知活动是对内部和外部表象的信息加工过程。一个分布式认知系统可被看作包含多个主体、多种工具和多样技术,协调内外部表象,且有助于提供一种动态信息加工的系统。

分布式认知理论是传统认知理论的发展,和传统的认知理论并不冲突。传统认知理论强调个体,体现在人机交互设计方面,传统方法倾向于交互中的个体使用者和机器的内在模型,而分布式认知理论则强调具体的交互情境。例如,在计算机支持协同工作环境中,人和技术一起维持和操纵着问题解决的过程和表象状态。那么,认知在社会、物质和时间上呈分布式的系统中,认知的过程和特性与个体内部的认知过程和特性有何区别呢?分布式认知理论正是为分析这个问题提供的一个理论框架。

2.5.2　分布式认知理论的特征

传统认知观把认知看成个体行为,从大脑内部信息处理的角度对其进行解释,这样就限制了对在个体层面上不可见的一些有意义因素的关注。赫钦斯分布式认知理论打破了这种局限,认为认知具有分布性,包括了参与者全体、人工制品以及他们在其所处特定环境中的相互关系,强调认知在时间、空间和在个体、制品、内部及外部表象之间的分布性,在工作情境的层次上解释人类活动中的智能过程。

分布式认知理论具有如下特征。

1. 强调个体与外部表象的结合,重视人工制品的作用

传统认知理论认为认知过程局限于个体,强调内部表象(如个体大脑的记忆);而分布式认知理论则考虑到参与认知活动的全部因素,强调内部表象与外部表象(如计算机表示的信息和知识)的结合。分布式认知理论还认为外部表象以及表象状态的转换通过人工制品实现。人工制品与其说是扩展了能力,不如说是对任务进行了转换,使任务更明显和易于解决。有了人工制品,大脑内部的运算结构发生了变化,完全不同于用纸和笔来计算时的情形。另外,利用人工制品还会产生认知留存。

2. 强调认知的分布性

分布式认知理论强调认知现象在个体参与者、人工制品和内外部表象之间的分布性,主要体现在如下几个方面。

(1) 多人共同完成的认知活动可以被看成是表象状态在媒介间传递的一个过程,媒介可以是内部的(如个体的记忆),也可以是外部的(如地图、图表、计算机数据库等),因此,认知是在媒介中分布的。

(2) 认知分布于认知主体的过去、现在和未来。例如,成人常常根据他们自己儿时的经验对新鲜事物进行认知;另外,对同一认知客体,认知主体在成长的不同时期有不同的认知。

(3) 文化以间接方式影响着人的认知过程。例如,不同文化背景下的人可能具有不同的认知风格。

3. 强调交互作用和信息共享

分布式认知通过分析认知所产生的环境、表象媒介(如工具、显示器、使用手册、导航图)、个体间的相互作用以及它们与所有人工制品之间的交互活动来解释认知现象。交互活动过程中强调信息的共享,这是进行协作的基础,也是参与者赖以建立对任务有同步的共同认识的基础。交流和信息共享是分布式认知的必备条件,个体知识只有通过向他人表象,把知识可视化并与团体分享,才能成为团体可用的知识。

4. 关注具体情境和情境脉络

同一事件发生在不同的情境和情境脉络中使得人们对它的认知有很大不同,分布式认知强调对特定的情境中的信息表象和表象状态转换进行记录和解释,以达到认知和具体情境或者情境脉络相联系。

2.5.3　分布式认知在人机交互中的应用

分布式认知观点认为,认知分布于媒介和环境中。分布式认知的思想在人机交互领域有广泛的应用。例如,分布式认知的思想可用于指导像电子商务等系统的设计。设计合适的、易于记忆的表单、标签等人工制品,系统通过建立任务追踪使协作的用户对任务情境以及情境脉络有清楚的认识等,都是符合分布式认知活动特点的人机交互设计方法。

计算机支持的协作学习(Computer-Supported Collaborative Learning,CSCL)是近年来很受关注的研究方向之一。人们希望研究建立一种学习环境来支持分布式认知活动,包括学习共同体、概念学习以及知识共同体等。教学设计者探讨利用分布式认识理论研究成果设计更好的 CSCL 学习环境和交互方法。

分布式认知被认为是连接计算机支持的协同工作和人机交互的桥梁中的重要组件。分布式认知为协同工作中共享信息是如何表象以及如何使用的提供了一个理论框架。运用分布式认知的理论框架,研究移动性对协同工作中合作的影响也是人机交互的研究热点之一。

关于分布式认知,人们所关注的一些尚未解决的重要问题包括以下几个。

(1) 人类带入情境中的智力和存在于工具和情境本身的智力是有区别的,机器正获得越来越多的认知能力,机器知识如何区别于人类知识?如何使机器知识最有效地辅助人类知识以达到人类更好地认知?

(2) 分布式认知的观点给团体心理学研究也提出了新问题。例如,集体活动是否大于个体活动之和?团体知识大于其中任一成员的知识?团体成员间如何交互作用?

(3) 如何更好地设计各种外部信息,以使人们方便、有效地利用信息资源,包括索引、图表、参考书、计算器、计算机、时间表和各种电子信息服务,以帮助人们形成合适的外部表象从而解决问题,也成为研究的热点问题。

习　题

2.1　人机交互过程中人们经常利用的感知有哪几种?每种感知有什么特点?

2.2　列举几种不同感官在交互体验中的应用。

2.3　人的知觉特性有哪些?

2.4　人的认知过程分为哪几类?影响认知的因素有哪些?

2.5　什么是概念模型和分布式认知模型?举例说明分布式认知在计算机应用系统设计过程中的指导作用。

第 3 章

人与机器人交互框架

3.1 交互模式

　　分析人与机器人(HRI)交互模型有助于了解人机系统的结构问题和人与系统交互的动态过程。人机交互涉及人与机器人两个方面,对于整体人机交互系统的运行过程,针对不同应用背景,机器人存在着多种输入输出方式,任务执行的方式和效果也不尽相同,这就会形成不同类型的交互系统(图 3-1)。因此,有必要提出用于人与机器人交互系统的通用模式或者框架,以便于指导和评估一般性交互系统的设计。使用该交互模型能够帮助我们了解在交互过程中究竟发生了什么,并且找出产生困难的根源,更为我们提供了一个比较不同交互类型和问题的框架。

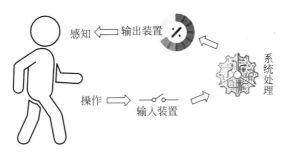

感知 ← 输出装置

系统处理

操作 → 输入装置

图 3-1　人机交互系统

3.1.1　Norman 模型

　　目前,Norman 提出的"执行-评估"循环模型是人机交互模型中最有影响力的,这个模型是通过人的目的和机器人系统动作来描述整体交互过程(图 3-2)。根据我们对 HRI 的直观认识,人生成一个行动计划,然后在机器人上执行,当这个计划或者它的一部分执行完成后,用户观察机器人的输出,评估计划执行的结果,然后确定下一步的行动。这个交互循环可以分为两个主要阶段:执行和评估。用户和系统描述领域和目标时使用不同的术语——将系统语言称为核心语言,而将用户语言称为任务语言。

　　进一步细分,Norman 模型包含 7 个阶段,每个阶段都是用户的一个动作(图 3-3):

　　(1) 建立目标:首先,用户建立一个目标。这是用户需要做什么的一个打算,并且所使

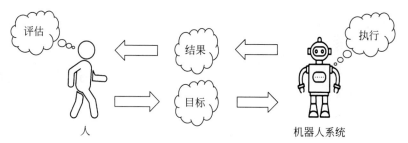

图 3-2   Norman 执行评估过程

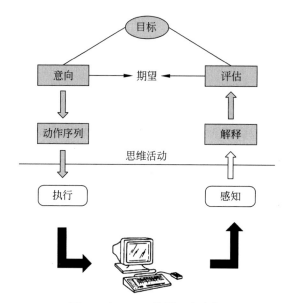

图 3-3   Norman 模型 7 个阶段

用的任务语言根据应用领域来制定。

（2）形成意向：由于目标描述可能不精确，因此将目标进一步翻译成比较明确的意向。

（3）建立动作序列：为了达到目标而要执行的实际动作。

（4）执行动作：机器人系统执行动作序列。

（5）感知系统状态：人感知到机器人系统的状态。

（6）解释系统状态：人解释机器人系统的状态。

（7）评估系统：对照目标和意向，评估是否满足期望，不满足则用户重新建立新的目标，并且重复这个循环，直到最终用户满足退出循环。

3.1.2　Norman 模型案例

设想人通过某种语音控制机器人系统实现对室内灯光的控制，同时来评估整体系统的交互性能，图 3-4 描述了基于 Norman 的交互系统评价过程。

（1）建立目标：在室内光线较弱的情况下，认为需要亮一点才能看清书籍，也就是说，首先建立需要房间亮一点的目标。

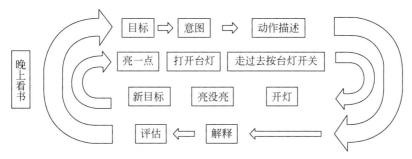

图 3-4　Norman 模型示例

（2）形成意向：形成打开灯的意向。

（3）建立动作序列：指定机器人开灯所需要的动作。

（4）执行动作：发出语音控制机器人系统打开光源开关，机器人执行相关动作任务。

（5）感知系统状态：机器人执行动作之后感知结果，灯或者亮了，或者没有亮。

（6）解释系统状态：灯没有亮，可以解释为灯烧坏了，或者灯没有插在灯座上，或者机器人没有按到开关，甚至机器人没听懂人的指令。

（7）评估系统：如果灯亮了，那么按照原来的目标评估新的状态，现在够亮了吗？如果是，循环结束。如果房间不够亮，可能会形成新的意向，让机器人把天花板上主灯开关也打开。

3.1.3　交互系统的评估

Norman 模型可以解释说明为什么有些机器人交互系统会给用户造成问题，可以采用执行隔阂和评估隔阂来描述这些问题。

1. 执行隔阂

执行隔阂是用户为了达到目标而制定的动作与机器人系统所允许的动作之间的差别，即

$$\text{Dex} = \text{Actions(user)} - \text{Actions(robot)}$$

其中，Actions(user)代表用户行为，Actions(robot)则代表机器人行为，如果机器人系统允许的动作对应于用户想做的动作，则交互就是有效的。因此，交互系统目的应该是减少这种差别。

2. 评估隔阂

评估隔阂是机器人系统状态的实际表现和用户预期之间的差异，即

$$\text{Dev} = \text{Exp(user)} - \text{Status(robot)}$$

其中，Exp(user)代表用户期望的系统状态，Status(robot)代表机器人的实际状态，如果用户用他的目标期望来评估系统表现时的评估隔阂越小，那么机器人系统表现出来的执行结果就越符合人们的期望，而用户解释系统表现时评估差异越大，则交互实现的效率就越低。

Norman 模型是理解 HRI 的一种有用方法，清晰且直观。Norman 模型的引入使 HRI 分析工作有了一个共同的评价框架。然而，它将系统仅仅看成一个界面，并且完全将注意力

放在用户对交互观点上。此外,Norman 模型不注重处理系统通过界面的通信过程,由 Abowd 和 Beale 提出的扩展的 Norman 模型则解决了这个问题。

3.1.4　框架模型

Abowd 和 Beale 在 1991 年修正了 Norman 模型,提出了框架模型来反映交互系统中用户和系统特征以及信号流转的动态过程。该框架分为四个主要部分,如图 3-5 所示,节点代表交互式系统中四个主要的组成部分:系统、用户、输入和输出,每个部分都存在相应的语言来描述节点运行,包括用户任务语言、系统核心语言及输入输出语言。输入输出则组成 HRI 的交互界面,位于用户和系统之间。同时系统的前两部分由用户和输入组成,这里,机器人理解用户意图越容易,用户意图越容易表达;机器人理解用户意图越困难,用户意图越难表达。后两部分由机器人系统和输出组成,这里机器人实现用户任务,用户任务越复杂,机器人实现越困难。

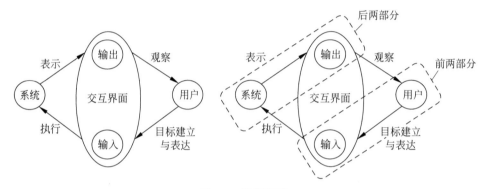

图 3-5　框架模型

交互循环包含四个步骤,每一个都对应相互部分之间的变换,用图 3-5 中箭头进行标注。用户开始交互循环,首先制定目标和达到目标的任务。机器与人的交互途径是通过输入,因此任务用输入语言来表达;输入信号进入机器人系统核心后,运行语言为核心语言,进行信息加工和处理,完成机器人系统的相关任务执行;执行阶段完成,系统处于新的状态,这时把系统对状态变化的响应变换为系统输出,这种变换必须基于输出设备有限的表达能力;然后,输出结果传给用户进行观察并对照原来目标来评估交互的结果;最后,结束评估阶段和这个交互循环。由此,我们可以总结一个框架模型总体上包含以下几个方面的内容:静态组成,主要包含静态的四个节点;动态过程,描述信息流在系统中的转换过程;交互周期,描述信息在四个节点流转的一个循环,从目标建立到用户的观察为一个交互周期;翻译转换,不同节点描述语言的转换。

(1) 静态组成:系统、用户、输入和输出。

(2) 动态过程:信息流,描述方式存在转换。

(3) 交互周期:目标建立、执行、表示和观察。

(4) 翻译转换:一种描述语言到另一种描述语言的转换。

交互框架可以作为判断整个交互系统可用性的一种方法。实际上,交互框架建议的所有分析都取决于当前任务,因为我们总是希望机器人能胜任某个领域内的具体任务。例如,不同的机器人由于手部构造不同而适合不同的开灯动作或者开关。因此,对于一个具体开灯任务,人们可能选择最适合的机器人手部或者最适合控制的开关交给机器人去操作。

3.1.5 交互界面

在 HCI 交互界面设计过程中,需要一种用户界面表示模型和形式化设计语言来帮助我们分析人机系统,表达用户界面的功能以及用户和系统之间的交互情况,并且使界面表示模型能方便地映射到实际的设计实现中。这些模型主要从软件工程角度考虑设计问题,包括:

- 行为模型:该模型主要从用户和任务的角度考虑如何描述人机交互界面,包括 GOMS、UAN 及 LOTOS 模型。
- 结构模型:该模型主要从系统的角度来表示人机交互界面,包括状态转换网络模型 (State Transition Network,STN)。
- 事件对象模型:面向对象的 Event-Object 表示模型,它将人机交互活动归结为事件与对象的相互作用,模型强调事件和对象在人机交互中的重要性,以事件为驱动,以对象为核心,具有面向对象的风格。

对于人-机器械人交互系统,如图 3-6 所示,人和机器人共同作用的公共节点包含输入输出两个部分,两个部分构成了交互系统的人机交互界面。对于一个机器人系统,其输入设备几乎囊括了现有 HCI 有关的输入设备,与 HCI 不同的是,机器人系统的输出装置除了语音和显示输出以外,其行为动作的输出更具有代表性,通常配合头部、手臂以及其他运动机构控制实现,并配合相关的输出方法。

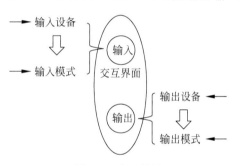

图 3-6 交互界面

为了实现交互功能,必须把输入输出的设备信息和机器人负责管理的输入输出应用程序有机地结合起来,有效地管理、控制多种设备进行工作。由于设备的多样性,而且对一个应用程序而言,可以有多个设备,同一个设备又可能为多个任务服务,这就要求对输入输出过程的处理要有合理的模式。目前,常用的三种基本模式为请求模式(Request Mode)、采样模式(Sample Mode)及事件模式(Event Mode)。

(1)请求模式

在请求模式下,设备的启动是在应用程序中设置的。应用程序执行过程中需要输入数据时,暂停程序的执行,直到从设备接收/发送数据后,才继续执行程序。应用程序和设备交替工作,如果要求进行数据输入输出时,用户没有输入或者设备没有输出响应,整个程序被挂起或者等待。

(2)采样模式

在采样模式下,设备和应用程序独立地工作。设备连续不断地输入输出信息,信息的输入和应用程序中的输入命令无关。应用程序在处理其他数据的同时,设备也在工作,新的输入输出数据替换以前的输入输出数据。该模式的缺点是当应用程序的处理时间较长时,可能会掉失某些输入输出信息。

（3）事件模式

在事件模式下,设备和程序并行工作,设备把数据保存到一个输入队列,也称为事件队列,所有数据都保存起来,不会遗失。每次用户对输入设备的一次操作以及形成的数据叫做一个事件。当设备被置成事件时,应用程序和设备将同时、各自独立地工作。数据或事件都存放在事件队列里,事件以发生的时间排序。应用程序随时可以检查这个事件队列,处理队列中的事件,或删除队列中的事件。

3.2　以用户为中心的 HRI

当前 HRI 是面向研究人员开发的,主要关注机器人技术对 HRI 的推动作用。提出以用户为中心的 HRI 框架,包括"美学""操作性""社会性"等相关联的各方面要素。这个框架为机器人产品设计寻求结合用户观点和需求提供了基础,旨在识别研究以用户为中心的 HRI 主要问题设计。以用户为中心的 HRI 主要研究机器人用户需求以及由机器人引起的用户行为的变化。

机器人技术在突破工程技术领域的同时,在人文社会科学领域也逐渐活跃,机器人设计作为一种向新用户展示的手段也变得越来越重要。然而,当前机器人研究设计主要依赖于研究人员采取的方法,甚至完全是从开发人员的角度考虑来提高机器人的个别技能和能力,而不是提高用户友好性。因此,尽管机器人的认知和决策能力已经提升,但很少有产品能成功地赢得市场的欢迎。因此,用户有必要参与到整个机器人开发迭代过程中,而不是最后诉诸遵循众所周知的可用性原则。

以用户为中心的软件工程建模、方法和技术已建立,例如:

- 以用户为中心的数据收集技术,如访谈调查、大声交谈报告、视频协议等。
- 以用户为中心的数据分析技术,例如协议分析、任务分析等。

即便两个机器人采用相同技术,用户也会根据其具备的交互系统应用到不同的场合,从而产生不同的使用经验。因此,HRI 交互设计成为和角色设计及外观设计相并列的机器人设计的三大要素,并且在部分场合下甚至比其他两个元素更加重要。HRI 交互相关的因素包括情态、自主性和互动性图形,机器人设计师不仅要精通传统的外观设计任务,也要把握 HRI 的基本问题。

HRI 研究主要分为两种方法(图 3-7):

（1）以机器人为中心的 HRI

目前关于 HRI 大多数研究集中在如何使机器人在给定环境中有效地感知、认知和行动,以便与人类良好互动。这属于前一类以机器人为中心的交互研究,机器人工程师通常集中精力采用这种观点来实现机器人的控制和交互技术。

（2）以用户为中心的 HRI

相较于考虑机器人如何认知和适应人类,优先考虑机器人用户对机器人的感知和反应,以及他们如何根据这种反应调整自己的行为更重要一些,从整体角度获取和发展有关用户如何感知和看待机器人。

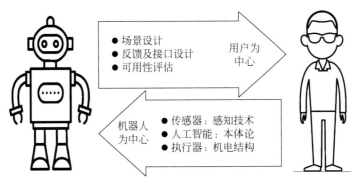

图 3-7　HRI 研究方法,用户为中心 HRI 和机器人为中心 HRI

3.2.1　PAC 交互模型

机器人人机交互工程研究领域中,包含三个主要技术:

- 传感器技术,使机器人能够感知其外部环境。
- 人工智能技术,使机器人利用感知信息和知识数据库,自主控制其各个组成部分。
- 执行器技术,赋予机器人机动性和行动能力。

这些元素被映射到人类对环境认知的三元过程时,传感技术对应于"感知",人工智能对应于"认知",执行器技术对应于"行动"。当具备三元系统的智能机器人与人进行通信时,这种通信模型如图 3-8 所示,用户和机器人都具有 P(感知)、C(认知)和 A(动作)能力,在各自独立和相互依赖的动作之间交替进行 PAC 循环。当两个 PAC 循环重叠时,会发生人机交互,从而产生通信。这种交互事件发生的区域可以称为"人机界面"。

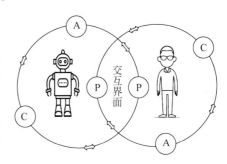

图 3-8　PAC 三元模型

3.2.2　HRI 设计要素

在机器人工程中存在 PAC 三元模型,对于一般性的产品设计被定义为基于发明和创造的不确定研究方法。HRI 设计则关注如何设计和创建目标和用户的心理过程。正如 Richard Buchanan 将这种心理过程描述为修辞学问题,并且提出了所谓的"四步设计",包括标志画像、物理实体、行为服务及思想和系统。这些步骤组成了设计上的特定领域,当把"四步设计"引入到对 HRI 问题上时,标志画像和物理实体能够对应于机器人的美学可比性设计,行为服务映射到机器人操作可比性,思想和系统则对应到机器人的社会可比性设计。若与机器人工程联系在一起分析,则感知对应美学可比性,行为对应操作可比性,认知对应社会可比性。

(1) 美学可比性

美学是在人和机器人交互过程中首先能从人的 5 个主要感官(如看、听)和感觉中出现的交互信息。面向用户为中心的方法中,美学可比性定义为用户如何体验和响应机器人的外在组成,例如形状、彩色、材质、声音、尺寸和比例等,构成了美学设计的核心,决定了人机交互初始印象和角色特性。

(2)操作可比性

操作可比性包括在实际人机交互过程中发生的处理、操作、运动以及可用性等方面内容。该框架下,主要考虑机器人所提供的功能如何被用户理解,以及人机交互是如何来满足终端用户的需要的。借助于辅助用户的任务采用的功能以及实现该功能所采用的方法,用户不仅可以满足自己的期望,还可以体验到乐趣。

(3)社会可比性

社会可比性是指机器人角色的社会属性,例如亲密度、连通感、意义、价值、信任和感觉等来源于人与机器人交互的结果评价。该过程中,人不仅仅是感知、感觉和使用机器人,这种机器人还具备交流和表情输出能力。因此机器人的社会可比性往往要和人所处的环境结合在一起进行角色的分配,并且随人类活动模式进行相应改变。

3.2.3 HRI 设计框架

机器人制造需要大量资源,除了机器人工程师,对设计师和普通研究人员而言,更有必要提供容易接受的 HRI 设计框架原型。针对 HRI 设计的三元要素,相应地采用三类功能原型。三原型 HRI 元素可以被图式化为一个 HRI 设计框架,如图 3-9 所示,该框架有助于理解以用户为中心的 HRI,也有助于设计师以及研究人员定义 HRI 问题领域和研究方法。

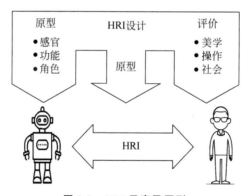

图 3-9　HRI 元素及原型

首先,针对美学可比性,建立感官原型,重现实际机器人包括视觉和声音在内的感官刺激的近似值。

其次,针对操作可比性,建立功能原型,执行类似于实际机器人功能的原型,需要执行设计者预期功能并识别相关用户行为,因此可以支持人与机器人协作任务执行。

再次,针对社会可比性,建立角色原型。通过使用场景故事板技术获得对使用上下文的理解。这是一个较难研究的领域,只有在长期观察基础上,通过深入分析才能研究人类与机器人的互动。当研究目标和范围局限于一个明确问题时,使用角色原型获得用户的虚拟体验和想象使用情况,从而可以让研究人员了解到用户响应需求。

3.3　多模式 HRI 技术

服务机器人是一个复杂人机交互载体,需要接收来自视频、声音、激光测距仪、超声、温湿度、烟雾等不同类型传感器的信息形式。因此,人与机器人交互往往存在多种不同形式的信息模态,如视觉、语音、触觉、脑电等。构建多模式人机交互系统(图 3-10)是从信息加工角度考虑如何有效地综合利用信息,解决不同类型人机交互数据之间可能存在的冗余和矛盾信息,形成对系统环境的相对完整一致的感知描述,从而提高机器人反应的快速性和可靠性,达到自然人机交互的目的。

图 3-10　基于多模式 HRI 系统的服务机器人

3.3.1　交互系统模型

多模型机器人交互系统主要包括两个模块(图 3-11):

(1) 交互内核级别,包括信息处理,分析决策及行为控制三个主要元素,和 3.2.1 节介绍的 PAC 模型对应。①信息处理,实现机器人对人的感知,对传感器数据进行标准化、格式化、次序化、批处理化预处理,继而对相关信息进行特征提取、识别和信息融合操作;②分析决策,对处理后信息结果进行决策分析和融合,形成机器人对人行为状态的认知;③根据决策对机器人行为进行规划控制,形成相关输出动作。

(2) 交互界面,包括输入输出交互接口,在人的输入上主要以语音输入及视觉输入为主,输出上主要包括机器人底部差速运动控制,双臂及头颈部控制以及显示输出等。

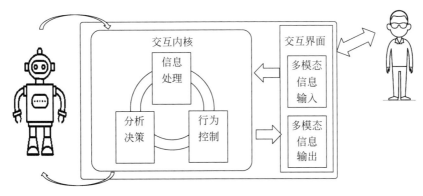

图 3-11　多方式人机交互系统模型

3.3.2　交互信息处理

图 3-12 所示为机器人人机交互系统信息处理逻辑层次,采用模块化分层策略。将整体

系统分为底层数据收集子系统、中间信息处理子系统以及界面系统。用户通过系统提供的
各项功能来完成对机器人的运动控制以及远程控制,结合底层的传感器数据实现机器人的
定位及导航,同时还满足用户的语音交互、人脸跟踪及表情识别功能。

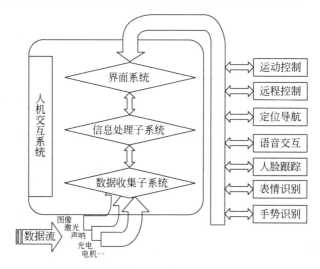

图 3-12   交互式系统的信息流框图

针对处理数据的不同层次和表达形式,可以采用多通道信息的高效融合方法,基于以下
形式的信息融合:

(1) 数据级融合

通过对原始数据进行关联,确认已融合数据是否与同一目标或实体有关。激光和超声
数据融合属于数据级融合,把激光和超声所获得的对周围环境信息融合起来,建立机器人定
位和运动模型。

(2) 特征级融合

利用从传感器获得的原始数据中提取的充分表示量或充分统计量作为其特征信息,然
后进行分类、聚类和综合。表情识别和手势识别属于特征级融合,通过机器人视觉系统,提
取相应面部表情特征和手势特征进行识别和分类。

习   题

3.1   概述 HRI 与 HCI 的区别和联系。

3.2   概述 HRI 交互框架的两个主要模型并举例说明。

3.3   概述用户为中心的 HRI 的主要元素及设计方法。

第 4 章

基于Open Inventor机器人图形交互

4.1 概 述

4.1.1 机器人图形交互概述

早期的机器人一般采用示教的方式编程,即操作人员利用示教盒控制机器人运动,使机器人到达完成作业所需的位姿。但是这种方式在许多复杂作业中存在不足之处,不能达到令人满意的效果。例如,装配任务很难完成的复杂作业——弧焊,运动路径规划的失误会导致机器人间及机器人与固定物的碰撞,对生产具有相当的破坏性。并且编程人员需要在工作现场进行示教编程,时间长了会造成一定的疲劳,一旦失误,机器人发生异常,可能会造成人员伤亡。

随着可视化技术的出现,人们能够在三维图形世界中观察机器人,并通过计算机与机器人进行交互。机器人的三维图形交互,首先是要建立一个精确且逼真的机器人模型以及机器人工作环境。同时,为实现机器人离线编程、碰撞检测,图形仿真系统还应该能方便地获取和存储机器人模型位置及状态信息。

针对机器人设计和应用需求,采用三维图形技术对机器人运动进行模拟仿真,逼真反映机器人运动过程。机器人图形交互主要应用于以下方面。

(1) 离线任务仿真:离线模拟与验证机器人的任务。

(2) 在线控制仿真:实时在线操作和控制机器人。

(3) 在线监控仿真:实时在线监控机器人运动状态。

4.1.2 Open Inventor 概述

OpenGL(Open Graphics Library)是定义了一个跨编程语言、跨平台的编程接口规格的专业图形程序接口,用于三维(或二维)图像,是一个功能强大、调用方便的底层图形库。OpenGL 是一个开放的三维图形软件包,它独立于窗口系统和操作系统,以它为基础开发的应用程序可以十分方便地在各种平台间移植;OpenGL 可以与 Visual C++ 紧密对接,便于实现机械手的有关计算和图形算法,可保证算法的正确性和可靠性;OpenGL 使用简便,效率高。OpenGL 入门相对容易,提高很难。OpenGL 提供一百多个核心函数,但是在入门之后,要想进一步提高编程能力,很多人会感觉无从下手。这种情况一部分归咎于编写三维图形软件需要了解的知识比较多,另一部分的原因是 OpenGL 提供的功能过于基本和底层。而且 OpenGL 使用的是"面向过程"的编程方法,对于我们广泛使用的"面向对象"的编程思想没有提供支持。

鉴于 OpenGL 在应用上的不便,SGI 公司在 OpenGL 库的基础上开发了面向对象的三维图形软件开发工具包——Open Inventor(OIV)。OIV 是使用 C++编写的面向对象的编程方法,允许用户从已存在的类中派生出自己的类,通过派生的方式可以很容易地扩展 OIV 库。OIV 支持"场景""观察器""动作"等高级功能,用户可以把物体保存在"场景"中,通过"观察器"显示 3D 物体。利用"动作"对物体进行特殊的操作(例如拾取操作、选中操作等)。

OIV 提供了一个完整且经济高效的面向对象系统。OIV 由一系列的对象模块组成,通过利用这些对象模块,开发人员有可能以花费最小的编程代价,开发出能充分利用强大的图形硬件特性的程序。OIV 包括数据库图元、形体、属性、组和引擎等对象;还有手柄盒和轨迹球等操作器、材质编辑器、方向灯编辑器、Examiner 观察器等组件。

OIV 具有平台无关性,它可以在 Microsoft Windows、UNIX、Linux 等多种操作系统中使用,并允许使用 C、C++、Java、DotNet 等多种编程语言进行程序开发。经过多年的发展,OIV 已经基本成为面向对象 3D 图形开发"事实上"的工业标准,广泛地应用于机械工程设计与仿真、医学和科学图像、地理科学、石油钻探、虚拟现实、科学数据可视化等领域,如图 4-1 所示。

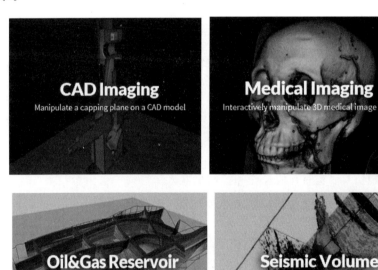

图 4-1　OIV 常用应用领域

4.2　虚拟图形建模

虚拟图形建模是利用虚拟图形建模工具(如 OIV 等),建立逼真的可视化、可操作虚拟机器人和虚拟环境,是机器人图形仿真的基础。其主要包括几何建模和物理建模。

几何建模是虚拟图形建模的前提,采用构造实体几何方法,其基本思想是利用一些简单的基本体素,通过正则集合运算来构造和表示新的实体。该方法不仅是一种实体的表示方法,而且是一种实体的构造方法,它的许多运算(如求几何中心、体积、几何变换等)都可以通过递归遍历树来实现。在机器人图形建模过程中,如机器人模型装配、机器人模型运动变换都采用了构造实体树的遍历方法来得到模型的几何中心。在 OIV 中,虚拟机器人由若干个节点对象按照一定次序装配而成。

物理建模是在几何建模基础上,对虚拟模型进行材质、纹理、颜色、光照等特性进行描述,进一步提高虚拟对象的逼真度。虚拟环境对象的特性描述包括几何形状、表面特性、动力学特性、物理约束和光照模型等。因此,建立一个良好的虚拟环境不但需要强有力的几何建模工具,还需要强大的虚拟环境开发平台。

4.2.1　形状节点

形状节点用来表示一个三维几何对象区别于其他对象的外形特征。形状节点描述的几何元件受属性节点和群组节点的影响。形状节点所描述的对象的外形特征,可在经过渲染动作的作用后,显示在计算机屏幕上。

1. 第 1 类：基本形状节点

(1) SoSphere：球体,给定球体半径。

实例:

```
SoSphere * mySp = new SoSphere;
mySp - > radius.setValue(1.0);
```

(2) SoCube：长方体,给定长方体的长、宽、高。

实例:

```
SoCube * myCb = new SoCube;
myCb - > width.setValue(1.0);
myCb - > height.setValue(2.0);
myCb - > depth.setValue(3.0);
```

(3) SoCylinder：圆柱体,给定圆柱体的半径和高。

实例:

```
SoCylinder * myCy = new SoCylinder ;
myCy - > radius.setValue(1.0);
myCy - > heights.setValue(2.0);
```

（4）SoCone：圆锥体，给定底面半径和高。

实例：

```
SoCone * myCn = new SoCone ;
myCn -> bottomRadius.setValue(1.0);
myCn -> heights.setValue(2.0);
```

2. 第 2 类：复杂形状节点

（1）SoPointSet：点集，给定点坐标集合以及点个数。

实例：

```
const float verts[3][3] = {{1.0,1.0,1.0}, {2.0,2.0,2.0}, {3.0,3.0,3.0}};
SoCoordinate3 * myC = new SoCoordinate3;
myC -> point.setValue(0,3,verts);          //(start, num, const float xyz[][3])
                                           //(起点,点个数,点集合)
SoPointSet * myPs = new SoPointSet;
myPs -> numPoints.setValue(2);
```

（2）SoLineSet：线集，给定点坐标集合、线数、每条线的点个数。

实例：

```
SoLineSet * myLn = new SoLineSet;
int nm[3] = {2,3,2};                       //按次序使用点集,第 1 条线使用点 1 和 2,第 2 条
                                           //线使用点 3、4 和 5,第 3 条线使用点 6 和 7;
myLn -> numVertices.setValues(0,3,nm);     //(start, num, const int * x[nm])
                                           //(起点,线个数,每条线点个数)
```

（3）SoFaceSet：面集，给定点坐标集合、面个数和每个面的点个数。

实例：

```
SoFaceSet * myFc = new SoFaceSet;
int nm[3] = {3,4,4};                       //按次序使用点集,第 1 个面使用点 1、2 和 3,第 2 个
                                           //面使用点 4、5、6 和 7,第 3 个面使用点 8、9、10 和 11;
myFc > numVertices.setValues(0,3,nm);      //(start, nm, const int * x[nm])
                                           //(起点,面个数,每个面点个数)
```

（4）SoText2/SoText3：二维/三维文字，给定文本内容。

实例：

```
SoText2 * myT2 = new SoText2 ;
myT2 -> string = "机器人";
SoText3 * myT3 = new SoText3 ;
myT3 -> string = "机器人";
```

4.2.2　属性节点

属性节点用来描述场景的外观和具有的性质，比如描述对象的表面材质特性、绘制方式、对象之间的几何变换信息等。

1．第 1 类：几何变换属性节点

（1）SoTransform：几何变换节点。

（2）SoTranslation：平移变换节点。

（3）SoRotation：旋转变换节点。

（4）SoSacle：缩放变换节点。

SoTransform 实例：

```
SoTransform * mytrans = new SoTransform;
mytrans -> translation.setValue(1.0,2.0,3.0);
mytrans -> rotation.setValue(PI/2, 0.0, 0.0);
mytrans -> scale.setValue(1.0,2.0,3.0);
```

2．第 2 类：调整物体对象外观的属性节点

（1）SoMaterial：材质属性节点。

（2）SoDrawStyle：绘制方式节点。

（3）SoFont：字体属性节点。

（4）SoLightModel：光照模型属性节点。

SoMaterial 实例：

```
SoMaterial * myMa = new SoMaterial;
myMa -> diffuseColor.setValue(0.8,0.8,0.8);        //漫反射颜色
myMa -> ambientColor.setValue(0.9,0.9,0.9);        //环境光颜色
myMa -> specularColor.setValue(0.6,0.7,0.6);       //高光反射颜色
myMa -> shininess.setValue(0.6);                   //光照
```

SoDrawStyle 实例：

```
SoDrawStyle * myDs = new SoDrawStyle ;
myDs -> style = SoDrawStyle::FILLED;
myDs -> lineWidth.setValue(1.0);
```

3．第 3 类：公制坐标表示的包含坐标、法矢以及其他几何信息的属性节点

（1）SoCoordinate3：三维坐标节点。

（2）SoCoordinate4：齐次坐标节点。

（3）SoNormal：法矢节点。

SoCoordinate3/SoCoordinate4 实例：

```
const float verts[3][3] = {{1.0,1.0,1.0}, {2.0,2.0,2.0}, {3.0,3.0,3.0}};
const float verts4[3][4] = {{1.0,1.0,1.0,2.0}, {2.0,2.0,2.0,3.0}, {3.0,3.0,3.0,4.0}};
SoCoordinate3 * myC3 = new SoCoordinate3;
myC3 -> point.setValues(0,3,verts);               //(start, num, const float xyz[][3])
                                                   //(起点,点个数,点集合)

SoCoordinate4 * myC4 = new SoCoordinate4;
myC4 -> point.setValues(0,3,verts4);              //(start, num, const float xyz[][4])
                                                   //(起点,点个数,点集合)
```

4.2.3 群组节点

群组节点是将具有相同属性、形状等特性的相似对象收集在一起,便于在场景中更好地管理这些节点。

(1) SoArray:数组群组节点。

(2) SoSeperator:分隔符群组节点。

(3) SoSwitch:开关群组节点。

SoSeperator 实例:

```
Seperator * mySp = new Seperator;
mySp -> addChild(a);
mySp -> addChild(b);
```

4.3 虚拟模型装配

4.3.1 模型装配结构

OIV 场景数据库由表示一个或多个 3D 场景数据信息所组成,每个场景由一组相关 3D 对象和属性构成。本节针对一个图 4-2 左侧所示的仿人机器人进行讲解,该机器人主要由头部、身体、双腿和双脚组成。

在 Visual C++开发环境下,利用 OIV 的形状节点、属性节点以及群组节点建立机器人的相关部件模型,并通过模型装配,建立一个虚拟仿人机器人模型,其装配结构如图 4-2 右侧所示。

4.3.2 程序实现

```
# include "stdafx.h"
# include < Inventor\Win\SoWin.h >
# include < Inventor\Win\viewers\SoWinExaminerViewer.h >
# include < Inventor\nodes\SoCube.h >
# include < Inventor\nodes\SoSphere.h >
# include < Inventor\nodes\SoTransform.h >
# include < Inventor\nodes\SoGroup.h >
# include < Inventor\nodes\SoMaterial.h >
# include < Inventor\nodes\SoCylinder.h >
# include < Inventor\nodes\SoSeparator.h >
SoSeparator * makeScene()
{
```

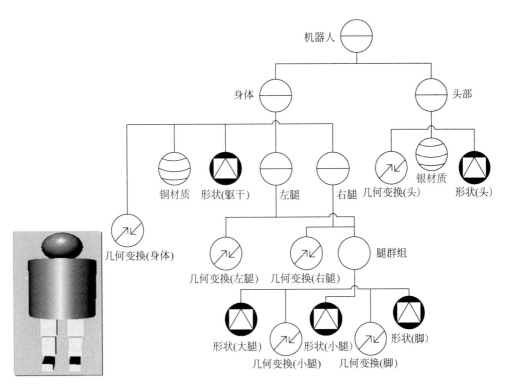

图 4-2 虚拟仿人机器人及其装配结构图

```
SoCube * thigh = new SoCube;                              //大腿
thigh->width = 1.2f;
thigh->height = 2.2f;
thigh->depth = 1.1f;


SoTransform * calfTransform = new SoTransform;            //小腿
calfTransform->translation.setValue(0.0, -2.25, 0.0);
SoCube * calf = new SoCube;
calf->width = 1.0f;
calf->height = 2.2f;
calf->depth = 1.0f;


SoTransform * footTransform = new SoTransform;            //脚
footTransform->translation.setValue(0.0, -2.0, 0.5);
SoCube * foot = new SoCube;
foot->width = 0.8f;
foot->height = 0.8f;
foot->depth = 2.0f;

//创建机器人的基本腿群组 leg,它由大腿、小腿和脚构成
SoGroup * leg = new SoGroup;
leg->addChild(thigh);                                     //组装大腿
```

```
leg -> addChild(calfTransform);
leg -> addChild(calf);                                    //组装小腿
leg -> addChild(footTransform);
leg -> addChild(foot);                                    //组装脚

SoTransform * leftTransform = new SoTransform;            // 形成左腿
leftTransform -> translation.setValue(1.0f, - 4.25f, 0.0f);
SoSeparator * leftLeg = new SoSeparator;
leftLeg -> addChild(leftTransform);
leftLeg -> addChild(leg);

SoTransform * rightTransform = new SoTransform;           // 形成右腿
rightTransform -> translation.setValue( - 1.0f, - 4.25f, 0.0f);
SoSeparator * rightLeg = new SoSeparator;
rightLeg -> addChild(rightTransform);
rightLeg -> addChild(leg);

SoTransform * bodyTransform = new SoTransform;            //躯干
bodyTransform -> translation.setValue(0.0f, 3.0f, 0.0f);
SoMaterial * bronze = new SoMaterial;
bronze -> ambientColor.setValue(0.33f, 0.22f, 0.27f);
bronze -> diffuseColor.setValue(0.78f, 0.57f, 0.11f);
bronze -> specularColor.setValue(0.99f, 0.94f, 0.81f);
bronze -> shininess = 0.28f;
SoCylinder * bodyCylinder = new SoCylinder;
bodyCylinder -> radius = 2.5f;
bodyCylinder -> height = 6.0f;

//组装躯干、左腿和右腿,形成机器人的身体
SoSeparator * body = new SoSeparator;
body -> addChild(bodyTransform);
body -> addChild(bronze);
body -> addChild(bodyCylinder);
body -> addChild(leftLeg);
body -> addChild(rightLeg);

SoTransform * headTransform = new SoTransform;            // 创建机器人的头部
headTransform -> translation.setValue(0.0f, 7.5f, 0.0f);
headTransform -> scaleFactor.setValue(1.5f, 1.5f, 1.5f);
SoMaterial * silver = new SoMaterial;
silver -> ambientColor.setValue(0.2f, 0.2f, 0.2f);
silver -> diffuseColor.setValue(0.6f, 0.6f, 0.6f);
silver -> specularColor.setValue(0.5f, 0.5f, 0.5f);
silver -> shininess = 0.5f;
SoSphere * headSphere = new SoSphere;
SoSeparator * head = new SoSeparator;
head -> addChild(headTransform);
head -> addChild(silver);
```

```
head -> addChild(headSphere);

SoSeparator * robot = new SoSeparator;              // 组装头和身体
robot -> addChild(body);
robot -> addChild(head);
return robot;
}
```

4.4　虚拟模型仿真

4.4.1　仿真流程

仿真流程如下。

(1) 仿真初始化：主要实现窗口建立、Open Inventor 初始化。

(2) 建立观察器：建立用于显示模型的观察器 SoWinExaminerViewer。

(3) 加载模型：建立虚拟模型。

(4) 模型显示：调用观察器函数，显示模型。

4.4.2　程序实现

```
int main(int , char * * argv)
{
    HWND myWdw = SoWin::init(argv[0]);              //初始化
    if (myWdw == NULL)     exit(1);
    SoWinExaminerViewer * myViewer = new            //观察器
    SoWinExaminerViewer(myWdw);
    myViewer -> setBackgroundColor(SbColor(0.80f, 0.80f, 0.80f));
    myViewer -> setTitle("Open Invenor Robot");
    SoSeparator * root = new SoSeparator;           //导入模型
    root -> ref();
    root -> addChild(makeScene());
    myViewer -> setSceneGraph(root);
    myViewer -> show();                             //显示模型
    myViewer -> viewAll();
    SoWin::show(myWindow);
    SoWin::mainLoop();
    return 0;
}
```

程序运行结果如图 4-3 所示。

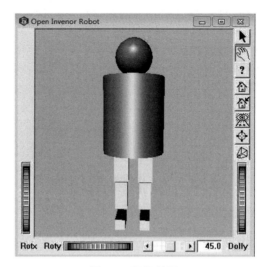

图 4-3　运行结果

4.5　碰撞检测方法

4.5.1　概述

虚拟环境要逼真地模拟真实的物理世界,不仅需要在几何形状、光照效果等方面进行逼真显示,还需要反映物体运动的物理规律,其中一个很重要的方面就是物体之间的相互作用。在真实的世界中,当两个物体相互接触时,它们一般不会穿透对方,而是在相互作用下,改变各自的运动状态。在虚拟环境中,要反映物体间的相互作用,就要在赋予对象动力学特性的同时,检测出对象之间的相互作用关系,并根据相互作用关系控制对象的运动。如何反映物体间发生接触(或碰撞)时的相互作用,就是我们所说的碰撞问题,主要包括碰撞检测和碰撞响应两部分内容。碰撞响应是研究物体发生碰撞后如何运动,属于动力学领域的研究内容,本书不作介绍。

碰撞检测(Collision Detection)最直接目的是判断两个物体是否发生接触(碰撞),而实际的应用往往还需要给出物体间接触的具体部位、距离以及何时发生碰撞等信息。碰撞检测的核心是空间干涉问题,最早源于计算几何和机器人学领域。在计算几何领域,主要是针对静态环境,判断两个几何形体是否相交,研究的重点是对复杂的几何形体进行准确的相交计算,计算几何领域的研究成果为碰撞检测在其他领域中的应用提供了基础。在机器人学领域,碰撞检测主要用于路径规划,给定两个物体及其预定的运动轨迹,碰撞检测的任务是判断物体沿轨迹运动的过程中是否发生碰撞。

目前,碰撞检测技术已经成为 CAD/CAM、机器人运动规划、计算机动画和虚拟环境等研究的关键技术。在机器人运动规划中,主要有以下 3 个方面需要进行碰撞检测。

(1) 机器人编程。在操作员面向虚拟环境操纵虚拟机器人进行机器人编程的过程中,操作员需要知道机器人相对于操作对象的接触关系,以判断机器人是否已经运动到期望的操作位姿。基于碰撞检测,以视觉或力觉反馈的形式向操作员反馈机器人与操作对象的接触状态,有助于操作员准确控制机器人,形成合理的控制指令。

(2) 运动轨迹检验。对于规划的机器人运动指令,在实际机器人执行之前,需要检验在机器人运动过程中是否与操作环境发生碰撞。通过碰撞检测,可以帮助操作员对机器人的运动轨迹进行检验。

(3) 任务预显示。在任务预显示中,除了要显示自由运动轨迹之外,更重要的是对机器人与操作对象发生接触的操作过程进行仿真显示,这涉及复杂的动力学计算。准确地计算机器人与操作对象的接触状态,是计算相互作用力和进行动力学仿真的前提。

碰撞检测通常利用包围盒技术实现,基本思想是用一个简单的几何形体将复杂的几何物体包围住,当对两个物体进行碰撞检测时,首先检查两个物体的包围盒是否相交,若不相交,则说明两个物体未碰撞,否则进一步对两个物体作详细的相交测试。因为包围盒的相交计算比物体的相交计算要简单得多,因此该方法可以快速排除很多不相交的物体,从而大大加快碰撞检测的速度。

4.5.2　轴向包围盒

轴向包围盒(Axis-Aligned Bounding Box,AABB)是一种应用广泛的简单包围盒,其特征是包含几何对象且各边平行于坐标轴的最小六面体。

AABB 的特点是边界总是与坐标轴平行,它的平面与其相应的坐标平面平行。构造AABB 时需根据物体的形状和状态取得 X、Y、Z 坐标轴方向上的最大值和最小值,确定包围盒最高和最低的边界点,即为该物体的 AABB,如图 4-4 所示。

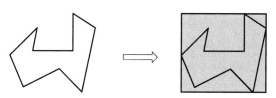

图 4-4　轴向包围盒示意图(二维)

基于 AABB 碰撞检测方法,通过判断两个物体 AABB 是否发生相交,说明两个物体是否发生碰撞,如图 4-5 所示。

判断两个 AABB 是否相交,只需检查两个包围盒的 X、Y、Z 范围值是否重叠。如果它们都重叠,说明两个包围盒相交;否则不相交。

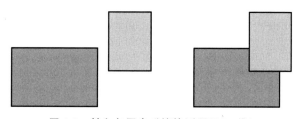

图 4-5　轴向包围盒碰撞检测原理(二维)

4.5.3　包围球

包围球是一种应用广泛的包围盒,采用一个球体将物体包围住,以简化碰撞检测。

基于包围球碰撞检测方法,通过判断两个物体包围球是否发生相交,说明两个物体是否发生碰撞,如图 4-6 所示。

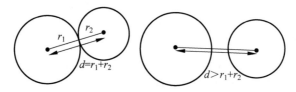

图 4-6　包围球碰撞检测(二维)

判断两个包围球是否相交,只需判断两个包围球的球心距离 d 与两个球体半径之和 $r_1 + r_2$ 的关系。

(1) $d > r_1 + r_2$:球心距离大于两球半径之和,不相交。

(2) $d \leqslant r_1 + r_2$:球心距离小于等于两球半径之和,相交。

针对包围球与平面是否相交问题,采用如下判断准则。

给定平面方程

$$\boldsymbol{n} \cdot \boldsymbol{p} = k$$

其中,$\boldsymbol{n}$ 为平面的单位法向量,$\boldsymbol{p}$ 为平面上任意点,k 为系数。

给定包围球球心坐标 C 以及半径 r,判断包围球与平面是否相交,只需判断包围球的球心与平面距离 $|(\boldsymbol{n} \cdot C) - k|$ 与包围球半径 r 的关系。

(1) $|\boldsymbol{n} \cdot C - k| > r$:球心与平面大于球半径,不相交。

(2) $|\boldsymbol{n} \cdot C - k| \leqslant r$:球心与平面小于等于球半径,相交。

4.6　机器人图形交互实例

卫星天线是卫星的主要通信部件,卫星天线故障对卫星来说是致命的,会导致卫星与地面控制站之间无法进行通信,导致卫星成为太空垃圾。卫星发射时,为克服火箭发射振动冲击及运载包络约束限制,卫星天线一般处于折叠状态。当卫星进入预期轨道后,卫星天线自动展开以建立与地面控制站之间的通信。但是,由于空间的高低温等复杂环境,卫星天线往往会出现无法展开或者展开不完全等故障,导致卫星无法正常工作。

针对卫星天线展开故障,提出了利用自维护机器人实现故障卫星天线展开的方案,通过一个四自由度机器人和末端操作器(HIT/DLR 灵巧手)安装在卫星本体上,实现卫星的自我维护以保证卫星天线顺利展开。自维护机器人系统包括一个四自由度机械臂、Jr3 六维力/力矩传感器及末端机器人灵巧手。机械臂每个关节具有位置传感器、关节力矩传感器。另外,Jr3 六维力/力矩传感器安装于机械臂和灵巧手的连接部位,用于直接测量机器人末端与环境的接触力。机器人灵巧手是一个具有 13 个自由度的四指灵巧手,每个关节具有关节位置和关节力矩传感器。

4.6.1 机器人虚拟环境建模

机器人虚拟环境建模为空间机器人遥操作提供逼真的可视化、可操作虚拟环境。如果机器人虚拟环境与实际场景不同,则机器人遥操作系统无法完成预定的任务。值得一提的是,虽然利用 OIV 提供的建模函数能够建立虚拟模型,但是很难建立复杂的场景,尤其是复杂曲面建模十分困难。为了克服 OIV 复杂模型建立困难的缺点,采用 Pro Engineer 对卫星自维护系统的各部分三维实体按实际尺寸进行建模,设定模型的颜色、单位、光照等特征后,转化成 OIV 可读取的文件格式(*.iv)。利用 OIV 的库函数,将 *.iv 模型文件(图 4-7)依次导入虚拟场景。

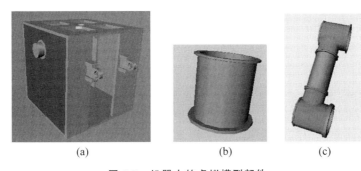

(a)   (b)   (c)

图 4-7 机器人的虚拟模型部件

(a) 卫星本体;(b) 机械臂基座;(c) 机械臂杆件

然后以节点的方式,按一定的父子关系进行组装,从而建立整个仿真场景。根据机器人运动关系,将机器人基座作为根节点,依次装配机器人的卫星本体、机械臂基座、各关节、手掌、手指各关节,机器人系统的虚拟模型如图 4-8 所示。

图 4-8 机器人系统虚拟模型

4.6.2　基于 OBB 碰撞检测实现

在虚拟机器人的操作过程中,虚拟机器人和虚拟对象之间、虚拟对象与虚拟环境中其他虚拟对象之间可能会发生接触和碰撞。虚拟机器人操作必须能够检测虚拟物体之间的这种相互接触和碰撞,否则就会出现物体之间相互穿透和彼此重叠等不真实的现象,更为严重的是,当这些可能发生碰撞的指令发送给远端实际机器人系统执行时,很可能导致机器人系统的损坏。为了使操作者具有身临其境的沉浸感,以及保证实际机器人的安全,碰撞检测是必不可少的,它对提高虚拟环境的真实性、增强用户的沉浸感、保证实际机器人的安全性等方面有着至关重要的作用。

OIV 的 SoBoundingbox 类提供了一种基于 OBB(Oriented Bounding Box)的三维图形碰撞检测包围盒,给场景中的每一个模型节点创建一个静态包围盒,只能实现两个静态的包围盒的碰撞检测。因此,要获得实时动态的碰撞检测,必须实时计算出各个动态模型节点的包围盒位置和姿态。OIV 的碰撞检测采用 SoCollisionManager 类来实现,它控制场景中对象位置,避免与场景中其他对象发生碰撞。碰撞管理器可以采用对象的实际图元(比如点、线、面等)来进行碰撞检测,为了提高检测的实时性,也可以采用对象包围盒进行检测。当对象间的包围盒发生碰撞,或对象内部的几何图元发生碰撞时,碰撞检测管理器调用 OIV 的用户自己编写的碰撞反馈函数,自动跟踪对象的运动路径。在自维护机器人仿真中,虚拟灵巧手的手掌和各手指关节处都增加一个 OBB 包围盒,用来实现与被抓取物体的碰撞检测,这样虚拟手的各个包围盒是动态的,而被抓取物体的包围盒是静态的。

4.6.3　展开卫星天线图形交互仿真

展开卫星天线图形仿真任务采用分段复合控制方式来完成,分为以下六个阶段:

(1) 宏定位。机器人从初始竖直状态运动到天线手柄的上方。由于在此期间自维护机器人完全在自由空间内进行运动,不可能与卫星其他部件发生碰撞,因此虚拟机器人从初始位置在关节空间自动地快速运动,以较快速度完成宏定位,如图 4-9(a)所示。

(2) 微定位。在该阶段,操作者利用空间鼠标控制机器人接近天线手柄,以保证天线手柄进入灵巧手的操作空间,如图 4-9(b)所示。

(3) 抓握手柄。操作者利用力反馈数据手套遥操作灵巧手抓握天线手柄。确定已经完成抓握手柄后,暂停数据手套对灵巧手的实时控制,以保证第(4)步打开天线操作中灵巧手对天线手柄的可靠抓握,如图 4-9(c)所示。

(4) 展开天线。操作者利用空间鼠标,通过软件引导方式,控制机器人末端沿着天线手柄展开轨迹运动,直至完全展开天线,如图 4-9(d)所示。

(5) 放开手柄。操作者利用数据手套控制灵巧手完全张开,从而放开手柄,为机器人从手柄安全撤出做好准备,如图 4-9(e)所示。

(6) 撤出手柄。操作者利用空间鼠标控制机器人远离手柄位置,以保证灵巧手顺利从手柄中撤出,并利用关节控制机器人到达竖直初始位置,如图 4-9(f)所示。

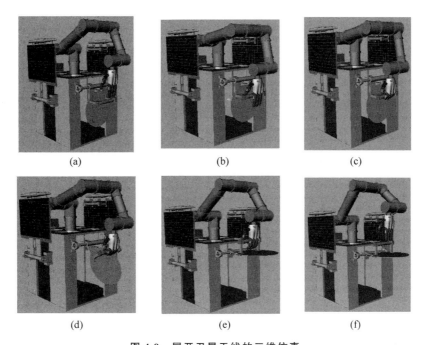

图 4-9　展开卫星天线的三维仿真

（a）宏定位；（b）微定位；（c）抓握手柄；（d）展开天线；（e）放开手柄；（f）撤出手柄

习　题

4.1　图形仿真在机器人领域的主要作用体现在哪几个方面？

4.2　基本形状节点主要包括哪几类？

4.3　常用的碰撞检测包围盒有几种？

第 5 章

基于键盘/鼠标/手柄的机器人交互

机械臂是一种广泛使用的机器人，它能模仿人手臂的某些功能，通过自主或人机交互方式，实现抓取、搬运物体或操作工具等作业任务。本章主要介绍利用键盘、鼠标、空间鼠标以及力反馈手柄对机械臂进行交互控制，并结合一个4自由度机械臂，进行机器人交互设计和实现。

5.1 概　　述

5.1.1 鼠标

1. 鼠标概述

鼠标是计算机的一种常用输入设备，也是计算机显示系统纵横坐标定位的指示器，分有线和无线两种，如图5-1所示。鼠标的使用是为了使计算机的操作更加简便快捷，以代替键盘烦琐的指令。

图 5-1　有线/无线鼠标

用户通过手动控制鼠标移动或按键，利用计算机编程技术，可以实现许多功能，比如确定光标位置、从菜单栏中选取所要运行的菜单项、选择物体或放弃、在不同的目录间移动复制文件并加快文件移动的速度等。

用户使用鼠标操作的主要方式有五种，如表5-1所示。

表 5-1　鼠标主要操作方式

序　号	操 作 名 称	描　　述
1	单击(Click)	按下并迅速释放鼠标按键
2	双击(Double Click)	连续快速完成两次单击操作

序　　号	操 作 名 称	描　　述
3	移动(Move)	移动鼠标光标
4	拖动(Drag)	按下鼠标一键不放,同时执行鼠标移动操作
5	与键盘的特殊键组合	在按下 Ctrl 键或 Shift 键同时,执行鼠标单击操作

其中,前三种操作是最基本的鼠标操作,可以产生 Windows 内部定义的鼠标消息,并通过这些消息来判断用户具体执行了哪种操作。

在 Windows 操作系统中发生的一切都可以用消息(Message)来表示,消息用于告诉操作系统发生了什么,所有的 Windows 应用程序都是消息驱动的。消息指的是 Windows 操作系统发给应用程序的一个通知,它告诉应用程序某个特定的事件发生了。比如,用户单击鼠标或按键都会引发 Windows 系统发送相应的消息。最终处理消息的是应用程序的窗口函数,如果程序没处理,操作系统有默认函数会作出处理。

一个消息由消息名称(UINT)和两个参数(WPARAM,LPARAM)组成。消息的参数中包含有重要的信息。例如对鼠标消息,LPARAM 中一般包含鼠标的位置信息,而 WPARAM 参数中包含发生该消息时,Shift、Ctrl 等键的状态信息,对于不同的消息类型,两个参数也都相应有明确意义。

Windows 定义的鼠标消息共有 21 条,其中非编辑区的鼠标消息一般由系统处理,程序只处理编辑区内的鼠标消息。编辑区内的鼠标消息共有 11 条,如表 5-2 所示。

表 5-2　编辑区鼠标消息

序　　号	消 息 名 称	消 息 说 明
1	WM_LBUTTONDBLCLK	鼠标左键被双击
2	WM_LBUTTONDOWN	鼠标左键被按下
3	WM_LBUTTONUP	鼠标左键被释放
4	WM_MBUTTONDBLCLK	鼠标中键被双击
5	WM_MBUTTONDOWN	鼠标中键被按下
6	WM_MBUTTONUP	鼠标中键被释放
7	WM_RBUTTONDBLCLK	鼠标右键被双击
8	WM_RBUTTONDOWN	鼠标右键被按下
9	WM_RBUTTONUP	鼠标右键被释放
10	WM_MOUSEMOVE	鼠标移动穿过客户区域
11	WM_MOUSEWHEEL	在客户区内鼠标滚轮滚动

鼠标消息处理函数的一般形式为:

```
void OnXxx (UINT nFlag, CPoint point);
```

如 WM_LBUTTONDOWN 的消息处理函数,其声明如下:

```
void OnLButtonDown(UINT nFlag, CPoint point);
```

参数说明如下:

point:CPoint 类对象,记录了当前光标的 x,y 坐标。

nFlags：鼠标动作的条件标志，取值是以下各种值的组合。

MK_LBUTTON＝0x0001：按下了鼠标的左键。

MK_MBUTTON＝0x0010：按下了鼠标的中键。

MK_RBUTTON＝0x0002：按下了鼠标的右键。

MK_CONTROL＝0x0008：按下了键盘上的 Ctrl 键。

MK_SHIFT＝0x0004：按下了键盘上的 Shift 键。

2. 鼠标编程实例

在 Visual C++开发环境下，创建一个单文档工程，在其中响应鼠标的 WM_LBUTTONDOWN、WM_LBUTTONUP、WM_MOUSEMOVE 消息。实现如下功能：

(1) 当按下鼠标左键并移动鼠标时，在客户区窗口内绘制鼠标的移动轨迹，同时光标变为十字光标。

(2) 当按下鼠标左键时，鼠标的移动被限制在整个客户区窗口范围内，即鼠标不能移到客户区外。

(3) 当释放了鼠标左键后，鼠标恢复原来的活动区域。

程序开发流程：

(1) 创建工程。启动 Visual C++，利用 MFC APPWizard[EXE]建立一个基于单文档的 MFC 新工程 MouseDemo。

(2) 利用 ClassWizard 添加鼠标消息及处理函数。

在 ClassName 列表框中，选择处理鼠标消息的视图类 CMouseDemoView，在 Message 列表框中的 MFC 预定义消息，分别选择 WM_LBUTTONDOWN、WM_LBUTTONUP、WM_MOUSEMOVE 消息，单击 Add Function 按钮，MFC 就会为其自动添加相应的消息映射宏和消息处理函数。

(3) 添加实现代码。

首先，在头文件 MouseDemoView. h 中声明变量 startpoint、rcOldClip。

```
public:
    CPoint   startpoint;
    RECT    rcOldClip;
```

在 OnLButtonDown 中添加 WM_LBUTTONDOWN 的消息处理代码如下：

```
void CMouseDemoView::OnLButtonDown(UINT nFlags, CPoint point)
{
    GetClipCursor(&rcOldClip);            //获取原鼠标活动的有效区域
    startpoint = point;                   //鼠标所在点为起始点
    SetCapture();                         //进行鼠标捕捉
    CView::OnLButtonDown(nFlags, point);
}
```

在 OnLButtonUp 中添加 WM_LBUTTONUP 的消息处理代码如下：

```
void CMouseDemoView::OnLButtonUp(UINT nFlags, CPoint point)
{
    ClipCursor(&rcOldClip);               //恢复原来的鼠标活动区域
    ReleaseCapture();                     //释放鼠标捕捉
```

```
        CView::OnLButtonUp(nFlags, point);
}
```

在 OnMouseMove 中添加 WM_MOUSEMOVE 的消息处理代码如下：

```
void CMouseDemoView::OnMouseMove(UINT nFlags, CPoint point)
{
        CDC * pDC = GetDC();                          //获得 DC
        HCURSOR cursor;                               //鼠标光标句柄
        RECT rcClip;                                  //限制矩形区域
if((nFlags&MK_LBUTTON) == MK_LBUTTON)                 //移动鼠标时左键是按下的
{
        GetWindowRect(&rcClip);                       //获取客户区窗口区域
        ClipCursor(&rcClip);                          //将鼠标的移动限制在客户区
        cursor = AfxGetApp()->LoadStandardCursor(IDC_CROSS);  //载入标准十字光标
        SetCursor(cursor);                            //使用新光标
        pDC->MoveTo(startpoint.x, startpoint.y);      //开始画线
        pDC->LineTo(point.x, point.y);
        startpoint = point;
    }
  CView::OnMouseMove(nFlags, point);
}
```

程序解释：

（1）在鼠标消息响应函数中，根据参数 nFlags 可以判断鼠标的左、右、中键以及键盘上 Shift 键和 Ctrl 键的按下状态。在本例的 OnMouseMove()函数中，就利用 nFlags 参数判断鼠标左键是否被按下来完成画线功能。

（2）当按下鼠标左键并移动鼠标时，在 OnMouseMove()函数中通过调用 API 函数 ClipCursor()将鼠标的活动区域限制在客户区窗口中。而当鼠标左键释放时，在函数 OnLButtonUp()中，通过 ClipCursor()将鼠标的活动区域恢复为原来状态。

（3）虽然限制鼠标的活动区域在客户窗口，但是鼠标仍然可以移动到客户窗口的边界处（非客户区），此时如果释放鼠标左键，将无法响应鼠标消息 WM_LBUTTONUP，也就不能执行 OnLButtonUp()函数恢复鼠标的活动区域。因而鼠标的活动区域就被限制在客户窗口，无法进行其他操作。要解决这个问题，在 OnLButtonDown()函数中调用 SetCapture()捕捉鼠标消息，实现不论鼠标在何位置都能捕获其消息 WM_LBUTTONUP。当鼠标活动区域恢复后，调用 ReleaseCapture()释放鼠标消息的捕捉。

5.1.2　键盘

1. 键盘概述

键盘是计算机最常用也是最主要的输入设备。用户通过键盘可以将英文字母、数字、标点符号等输入到计算机中，从而向计算机发出命令、输入数据等。键盘同时具有定位、选择、取值等多种功能，它主要是通过键盘输入相应的命令和参数，或直接通过键盘命令（如 Ctrl，Shift，Ins，Del 等）来完成交互式任务。

键盘主要有两类键盘消息：

（1）按键消息。当按下或松开一个键时，产生 WM_KEYDOWN 或 WM_KEYUP 按键消息。

（2）字符消息。当按下一个可显示的字符键时,产生一个 WM_CHAR 字符消息。

键盘上每一个键对应一个扫描码,扫描码是 OEM 厂商制定的,不同厂商生产键盘同样一个按键的扫描码有可能出现不一致的情况,为了摆脱由于系统设备不一致的情况,通过键盘驱动程序将扫描码映射为统一的虚键码表示,从而实现所有设备的相同按键都有一个统一的虚键码,比如回车键的虚键码是 VK_RETURN。在 Windows 中不论使用什么扫描码的键盘,都将扫描码翻译成相同的虚键码,这样应用程序就不用直接同硬盘键盘硬件打交道(表 5-3)。

表 5-3　键盘的虚键码

虚 键 码	数 值	对 应 的 键
VK_LBUTTON	1	鼠标左键
VK_RBUTTON	2	鼠标右键
VK_MBUTTON	4	鼠标中键
VK_SHIFT	16	Shift 键
VK_MENU	18	Alt 键
VK_CAPITAL	20	Caps Lock 键
VK_PRIOR	33	Page Up 键
VK_END	35	End 键
VK_LEFT	37	左箭头键
VK_UP	38	上箭头键
VK_RIGHT	39	右箭头键
VK_DOWN	40	下箭头键
VK_BACK	8	退格键
VK_RETURN	13	回车键
VK_CONTROL	17	Ctrl 键
VK_ESCAPE	27	Esc 键

按键按下的 WM_KEYDOWN 消息处理函数:

```
afx_msg void OnKeyDown(UINT nChar, UINT nRepCnt, UINT nFlags);
```

其中,nChar 为虚键码,nRepCnt 为重复计数(用户按住键引起的重复击键数目),nFlags 指定了扫描码、暂态键码、原来的键状态和上下文代码。

2. 键盘编程实例

创建一个单文档工程,响应键盘 WM_KEYDOWN、WM_KEYUP、WM_CHAR 消息,实现如下功能:

（1）当按下了 Shift 键时,在视图窗口中显示信息"用户按下了 Shift 键";

（2）当释放了 Shift 键时,在视图窗口中显示信息"用户释放了 Shift 键!";

（3）当按下了 Shift 键后又按下了字符键 B 键,在视图窗口中显示信息"用户同时按下了 Shift 键和 B 键"(即输入 B 键或 b 键)。

程序开发流程如下:

（1）创建工程:建立一个单文档的 MFC 工程"KeyboardDemo"。

（2）在 ClassView 选项卡上用鼠标右键单击该类,并从弹出的快捷菜单中选择 Add Member Variable … 菜单命令,为 KeyboardDemoView 类添加一个新的成员变量

bShiftdown,将此成员变量的类型设置为 BOOL,并将其访问权限设置为 Private,单击 OK
按钮,完成成员变量的添加操作。按照同样的方法,再添加两个 BOOL 型 private 成员变量
bShiftup 和 bShiftB,接下来在 KeyboardDemoView 构造函数中给三个指示变量赋初值
false。代码如下:

```
CKeyboardDemoView::CKeyboardDemoView()
{
        bShiftdown = bShiftup = bShiftB = false;    //赋初值
}
```

（3）利用"建立类向导"添加键盘消息及处理函数。

在 ClassName 列表框中,选择键盘消息处理函数 CKeyboardDemoView,在 Object IDs
列表框中选择 CKeyboardDemoView,在 Message 列表框中的 MFC 预定义消息中分别选择
WM_KEYDOWN、WM_KEYUP、WM_CHAR 消息,单击 Add Function 按钮,MFC 就会
为其自动添加相应的消息映射宏和消息处理函数。

（4）添加实现代码:在资源文件 KeyboardDemoView.cpp 中添加各键盘消息函数的实
现代码。OnKeyDown 函数的代码如下:

```
void CKeyboardDemoView::OnKeyDown(UINT nChar, UINT nRepCnt, UINT nFlags)
{
  if(nChar == VK_SHIFT)                          //判断 Shift 键是否被按下
  {
      bShiftdown = true;
      bShiftup = false;
      Invalidate(true);                          //显示信息
  }
      CView::OnKeyDown(nChar, nRepCnt, nFlags);
}
```

注:Invalidate(true)将整个窗口设置为需要重绘的无效区域,它会产生 WM_PAINT
消息,这样 OnDraw 将被调用。

OnKeyUp 函数的代码如下:

```
void CKeyboardDemoView::OnKeyUp(UINT nChar, UINT nRepCnt, UINT nFlags)
{
    if(nChar == VK_SHIFT)                        //判断 Shift 键是否被释放
    {
        bShiftup = true;
        bShiftdown = false;
        Invalidate(true);                        //显示信息
    }
    CView::OnKeyUp(nChar, nRepCnt, nFlags);
}
```

OnChar 函数的代码如下:

```
void CKeyboardDemoView::OnChar(UINT nChar, UINT nRepCnt, UINT nFlags)
{
        //判断是否同时敲击了字符键 B 键和 Shift 键
```

```
    if((nChar == 'b')|(nChar == 'B'))   //或 if((nChar == 66)|(nChar == 98))
    {
        if(bShiftdown)
        {
          bShiftB = true;
          bShiftdown = false;
          Invalidate(true);
        }
    }
    CView::OnChar(nChar, nRepCnt, nFlags);
}
```

在文件 KeyboardDemoView. cpp 的 OnDraw 函数中,实现在客户区窗口输出按键提示信息。

```
void CKeyboardDemoView::OnDraw(CDC * pDC)
{
    if(bShiftdown)                               //按下了 Shift 键
    {
        pDC->TextOut(20, 20, "用户按下了 Shift 键!");
    }
    if(bShiftup)                                 //释放了 Shift 键
    {
        pDC->TextOut(20, 20, "用户释放了 Shift 键!");
    }
    if(bShiftB)                                  //同时按下了 Shift 键和 B 键
    {
        pDC->TextOut(20, 20, "用户同时按下了 Shift 键和 B 键!");
        bShiftB = false;
    }
}
```

5.1.3　控制杆

控制杆早期用于汽车和飞行器的控制,主要区别在于不同的杆长及厚度、不同的位移力和距离、不同的按钮和挡板、不同的底座固定方案等。目前控制杆是一种常见的电子游戏操纵杆,如图 5-2 所示,在三维游戏中,用户通过操纵其手柄或按钮等,实现对游戏虚拟角色控制,提供比传统键盘、鼠标更加自然的交互方式。

图 5-2　游戏控制杆

5.2　基于鼠标/键盘的机器人交互

5.2.1　机器人运动学模型

本章以图 5-3 所示 4 自由度机械臂为对象,其中,关节 1 为基关节旋转自由度,关节 2、关节 3 和关节 4 为三个平行的旋转自由度,讨论基于键盘、鼠标、空间鼠标及力反馈手柄的机器人交互。

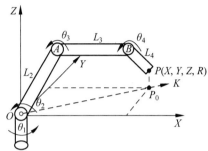

图 5-3　4 自由度机器人运动学求解

1. 正运动学

正运动学是根据机器人的关节角度$(\theta_1, \theta_2, \theta_3, \theta_4)$,求解笛卡儿坐标下的位姿$(X, Y, Z, R)$。利用几何法,根据机器人的构型图,可求解正运动学方程如下。

首先,求解$|OP_0|$:

$$|OP_0| = L_2\cos\theta_2 + L_3\cos(\theta_2+\theta_3) + L_4\cos(\theta_2+\theta_3+\theta_4)$$

因此,可得到X, Y:

$$X = |OP_0|\cos\theta_1, \quad Y = |OP_0|\sin\theta_1$$

由图可得到Z:

$$Z = L_2\sin\theta_2 + L_3\sin(\theta_2+\theta_3) + L_4\sin(\theta_2+\theta_3+\theta_4)$$

末端姿态R 为

$$R = \theta_2 + \theta_3 + \theta_4$$

2. 逆运动学

逆运动学是根据给定的机器人笛卡儿坐标下的位姿(X, Y, Z, R),求解其关节角度$(\theta_1, \theta_2, \theta_3, \theta_4)$。利用几何法,根据机器人的构型,可求解逆运动学方程如下。

首先,根据投影关系,在 XOY 平面内,求解θ_1:

$$\theta_1 = \arctan(Y/X)$$

由于$(\theta_2, \theta_3, \theta_4)$为平行关节,可转化为平面 $OABPP_0$ 求解 3 自由度平面机器人逆运动学问题。

在坐标系 KOZ 中,B 点坐标为

$$K_b = K_p - L_4\cos R$$
$$Z_b = Z_p + L_4\sin R$$

其中,$K_p = |OP_0| = \sqrt{X^2+Y^2}$,$Z_p = Z$。

故 OB 间距离为

$$|OB| = \sqrt{K_b^2 + Z_b^2}$$

在△OAB 中,利用余弦定理可得

$$\theta_3 = \pi I - \arccos\left(\frac{L_2^2 + L_3^2 - |OB|^2}{2L_2L_3}\right)$$

$$\theta_2 = \arctan\left(\frac{Z_b}{K_b}\right) - \arccos\left(\frac{L_2^2 + |OB|^2 - L_3^2}{2L_2|OB|}\right)$$

$$\theta_4 = R - \theta_2 - \theta_3$$

5.2.2　交互实例

键盘和鼠标作为最基本的输入设备,在机器人交互中,经常组合在一起协同工作,对机器人的控制发挥了重要作用。主要体现在以下几个方面。

(1) 鼠标:主要用来选择和操作人机交互界面上的指令按键,从而实现对机器人的指令控制。

(2) 键盘:主要用来在人机交互界面上输入数字和字符等,从而实现对机器人的参数输入控制。

(3) 其他:键盘还可以通过其快捷键,快速调用人机交互界面的子菜单,提高机器人操作的便捷性。

针对一个典型的 4 自由度机械臂,设计了一个基于鼠标/键盘的机器人交互界面,如图 5-4 所示。

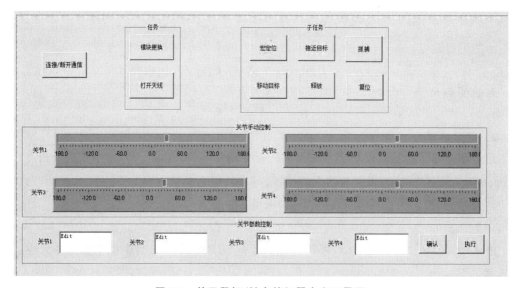

图 5-4　基于鼠标/键盘的机器人交互界面

在该机器人交互界面实例中,用户通过鼠标能够实现机器人以下常用交互功能。

(1) 连接/断开通信功能:建立或断开交互软件与机械臂之间的通信连接。

(2) 任务选择功能:根据任务需要,选择执行"模块更换"或"打开天线"任务;任务确定后,软件根据预先规划,生成相应的子任务。

(3) 子任务选择功能:用户通过鼠标单击对应子任务,可控制机器人执行相应子任务。

(4) 关节手动控制功能:用户通过鼠标拖动滑动条,可控制 4 自由度机械臂的每个关节运动到期望位置。

在该机器人交互界面实例中,用户通过键盘输入对应角度,并结合确认和执行按钮,能够实现机器人的关节参数控制。

操作者利用鼠标和键盘与机器人控制界面进行交互操作,可以控制机器人运动并完成相应任务。图 5-5 为控制机器人完成打开卫星天线的实验任务场景。

图 5-5　打开天线实验任务场景

5.3　基于空间鼠标的机器人交互

5.3.1　空间鼠标介绍

空间鼠标是用于操作三维对象的一种输入设备,可用于 6 自由度虚拟场景的人机交互,实现从不同的角度和方位对三维物体的观察、浏览以及操纵,如图 5-6 所示。作为输入设备,空间鼠标类似于摇杆加上若干按键的组合,厂家一般提供驱动和用于程序开发的函数开发包,用户可方便进行二次开发。

图 5-6　空间鼠标

在虚拟仿真应用中,使用者可以很容易地通过程序,将按键和球体的运动赋予三维场景或物体,实现三维场景的漫游和仿真物体的控制。

　　在机器人交互应用中,利用 Windows 消息处理函数,通过空间鼠标的软件开发包 API 函数以及软件编程,可实现空间鼠标按键以及球体运动的状态获取,从而对机器人的三维运动进行交互控制。

5.3.2　基本流程

　　采用 3Dconnexion 公司的空间鼠标(SpaceMouse)对机器人进行控制。空间鼠标是一个 6 自由度输入设备,它将指尖压力转换为 X、Y、Z 方向的平动和转动。

　　空间鼠标的移动和转动范围很小,通过将空间鼠标的输出量设置为相对位移量,实现对机器人的大范围运动交互控制。

　　空间鼠标与计算机采用 USB 或串口通信,使用空间鼠标对机器人的末端位置和姿态进行控制时,空间鼠标的机械臂交互控制流程如图 5-7 所示。

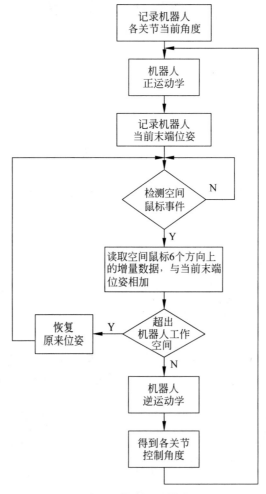

图 5-7　空间鼠标控制机器人流程图

　　首先,利用机器人关节控制将机器人初始化到安全的初始位置,并记录机器人当前的各关节角度。

其次,通过机器人的正运动学计算出当前的机器人末端笛卡儿位姿,将其表示成末端位置和姿态角的形式。

当交互程序检测出空间鼠标事件,可获取空间鼠标输出 6 个方向上的增量值,与当前机器人实际位姿变量相加,若此位姿没有超出机器人的运动范围且不奇异,则程序将进行逆运动学计算,给出机器人的关节角度。通过多解的筛选,最终生成机器人关节空间的控制变量。

若空间鼠标的增量数据导致机器人超出其运动范围,则交互程序将末端位姿恢复成前一次的值,直到空间鼠标输入的数据再次使机器人末端在其运动范围之内。

5.3.3　程序实现

1. 重要 API 函数

(1) enum SpwRetVal SiInitialize(void)

描述:空间鼠标输入库初始化。

参数:无。

返回值:返回空间鼠标的返回值 SpwRetVal,具体参数如下:

```
enum SpwRetVal{
    SPW_NO_ERROR, /* 无错误 */
    SPW_ERROR,   /* 功能失败错误 */
    SI_BAD_HANDLE, /* 无效句柄 */
    SI_BAD_ID,      /* 无效设备 ID */
    SI_BAD_VALUE, /* 无效输入值 */
    SI_IS_EVENT,    /* 是空间鼠标事件 */
    SI_SKIP_EVENT,   /* 忽略空间鼠标事件 */
    SI_NOT_EVENT,   /* 不是空间鼠标事件 */
    SI_NO_DRIVER,   /* 驱动未运行 */
    SI_NO_RESPONSE, /* 驱动未响应 */
    SI_UNSUPPORTED, /* 版本不支持 */
    SI_UNINITIALIZED, /* 输入库未初始化 */
    SI_WRONG_DRIVER, /* 驱动不正确 */
    SI_INTERNAL_ERROR, /* 内部错误 */
    SI_BAD_PROTOCOL, /* 传输协议未知 */
    SI_OUT_OF_MEMORY, /* 内存溢出 */
    SPW_DLL_LOAD_ERROR, /* 动态库加库失败 */
    SI_NOT_OPEN,        /* 未开启 */
    SI_ITEM_NOT_FOUND,  /* 未发现 */
    SI_UNSUPPORTED_DEVICE, /* 设备不支持 */
    SI_NOT_ENOUGII_MEMORY, /* 内存空间不够 */
    SI_SYNC_WRONG_HASHCODE,/* 同步错误 */
    SI_INCOMPATIBLE_PROTOCOL_MIX
               /* MWM 和 S80 协议不兼容 */ }
```

(2) void SiOpenWinInit (SiOpenData * pData,HWND hWnd)

描述:Windows 平台初始化。

参数:pData:操作系统相关参数;

hWnd：窗口句柄。

返回值：无返回值。

（3）enum SpwRetVal SiSetUiMode（SiHdl hdl，SPWuint32 mode）

描述：设置 UI 交互模式。

参数：hdl：空间鼠标句柄；

mode：SI_UI_ALL_CONTROLS 或 SI_UI_NO_CONTROLS。

返回值：返回空间鼠标的返回值 SpwRetVal，具体参数如前述。

（4）SiHdl SiOpen（const char * pAppName，SiDevID devID，const SiTypeMask * pTMask，int mode，const SiOpenData * pData）

描述：打开空间鼠标设备。

参数：pAppName：应用程序名称；

devID：设备 ID 号；

pTMask：SI_NO_MASK；

mode：SI_EVENT；

pData：操作系统相关参数。

返回值：成功返回空间鼠标 SiHdl 句柄，否则返回 NULL。

（5）void SiGetEventWinInit（SiGetEventData * pData，UINT msg，WPARAM wParam，LPARAM lParam）

描述：获取 Windows 平台的空间鼠标事件初始化。

参数：pData：空间鼠标事件数据；

msg：空间鼠标消息；

wParam/lParam：消息参数。

返回值：无返回值。

（6）enum SpwRetVal SiGetEvent（SiHdl hdl，int flags，const SiGetEventData * pData，SiSpwEvent * pEvent）

描述：获取空间鼠标事件。

参数：hdl：空间鼠标句柄；

flags：标志；

pData：空间鼠标事件数据；

pEvent：空间鼠标事件类型。

返回值：返回空间鼠标的返回值 SpwRetVal，具体参数如前述。

（7）enum SpwRetVal SiClose（SiHdl hdl）

描述：关闭空间鼠标。

参数：hdl：空间鼠标句柄。

返回值：返回空间鼠标的返回值 SpwRetVal。

2. 程序实例

```
CRobot m_Robot;   //机器人类
float m_RobotCaste[6];
```

初始化部分：

```
int InitSpaceball ()
{
  SiInitialize () ;
  SiOpenWinInit (&oData, m_hWnd);
  SiSetUiMode (&m_DevHdl, SI_UI_ALL_CONTROLS);
  m_DevHdl = SiOpen ("TestSP", SI_ANY_DEVICE, SI_NO_MASK, SI_EVENT,  &oData)) == NULL )
  float mouseData[6];                      //定义空间鼠标输出数据
  m_ArmSpeedPar;                           //比例系数
}
```

循环控制部分：

```
PreTranslateMessage(MSG * pMsg)
{
    int num;                              //定义返回按键
    BOOL handled;                         //定义消息句柄
    SiSpwEvent Event;                     //定义空间鼠标消息事件
    SiGetEventData EData;                 //定义空间鼠标消息事件数据
    handled = SPW_FALSE;                  //消息句柄初始化
    SiGetEventWinInit(&EData, pMsg - > message, pMsg - > wParam, pMsg - > lParam);
    if (SiGetEvent (m_DevHdl, 0, &EData, &Event) == SI_IS_EVENT)
    {
      if (Event.type == SI_MOTION_EVENT)      //运动事件
      {
        for(int i = 0; i < 6; i++)
            {
            mouseData[i] = pEvent - >u.spwData.mData[i]/m_ArmSpeedPar;
            m_RobotCaste[i] = m_Robot.X + mouseData[i];
          }
        m_ Robot.InversKinematic();
        for (int j = 0;j < 6;j++)
        {  m_ArmCtlData.Joint[j] = m_ Robot.Joint[j];}
      }
      if (Event.type == SI_ZERO_EVENT)         //清零事件
      {    SbZeroEvent(); }
    }
}
```

结束部分：

```
closeSpaceball()
{     SiClose (m_DevHdl);     }
```

5.3.4　交互实例

太阳能帆板是卫星的主要能源部件,其故障会使卫星失去能源,从而导致卫星的整体报废。在卫星太阳能帆板故障中,最主要是发射时折叠的太阳能帆板无法展开或者展开不完全。针对太阳能帆板展开不完全的情况,设计了操作者用空间鼠标控制机器人展开卫星太阳能帆板的实验,系统框图如图 5-8 所示。

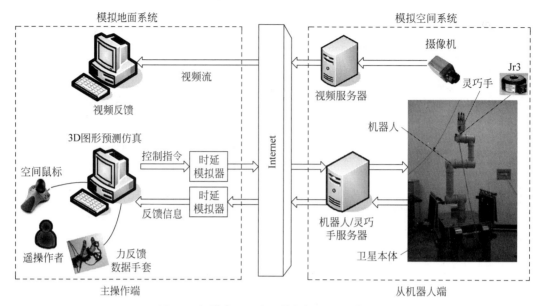

图 5-8   机器人展开太阳能帆板实验系统框图

操作者利用空间鼠标交互控制机械臂末端运动,实现了卫星故障的太阳能帆板的展开典型维护任务。图 5-9 为利用空间鼠标控制机器人完成展开太阳能帆板实验场景。

图 5-9   空间鼠标控制机器人打开太阳能帆板实验场景

5.4   基于 Omega7 力反馈手柄的机器人交互

5.4.1   Omega7 介绍

Force Dimension 公司 Omega7 力反馈手柄如图 5-10 所示,可以控制机器人的末端位姿同时感觉到其受力。Force Dimension 公司还为用户提供了控制手柄的 API 函数,如获取手柄位姿、设置反馈力大小等。

图 5-10　Omega7 力反馈手柄

其主要技术指标如下：

（1）自由度数：3 个移动自由度和 3 个转动自由度，以及 1 个检测手指抓握动作的自由度。

（2）工作空间：平移 $\phi 160\text{mm} \times 110\text{mm}$，旋转 $240° \times 140° \times 180°$，抓握 25mm。

（3）分辨率：平移＜0.02mm，旋转＜0.1°，抓握＜0.01mm。

（4）力反馈：最大连续反馈力 12N。

（5）刚度：14.5N/mm。

5.4.2　基本流程

操作者通过移动或转动手柄，实现机械臂末端目标位姿的输入，控制流程如图 5-11 所示。在控制过程中，交互程序记录机械臂各关节角度的当前值，并利用机器人的正运动学计算机械臂末端的位姿，并以末端位置和姿态的形式表示出来。若程序检测到了力反馈手柄事件，就会读取其 3 个移动和 3 个转动方向上的增量值读取，并加到机械臂末端的当前值上，若得出的位姿仍在机器人的工作空间内，会调用逆运动学程序解算关节角，发送控制指令，若得出的位姿超出了机器人的运动范围或出现了奇异，则恢复原来的位姿。

当机械臂末端有外界力的作用时，力的大小和方向可由力传感器测得，传输回主端计算机，再通过 API 函数向力反馈手柄发送指令，施加给力反馈手柄相应方向，从而给操作者力的感受。

5.4.3　程序实现

1. 重要 API 函数

（1）int dhdOpen()

描述：打开第一个连接的力反馈设备；对于多个力反馈设备，用 dhdOpenID() 函数。

返回值：若连接成功，返回设备的 ID 号码；否则，返回-1。

（2）int dhdGetPositionAndOrientationDeg(double * px, double * py, double * pz, double * oa, double * ob, double * og, char ID)

描述：获取力反馈设备末端的位置和姿态。

参数：px：设备末端 X 方向位置，单位为 m；

　　　py：设备末端 Y 方向位置，单位为 m；

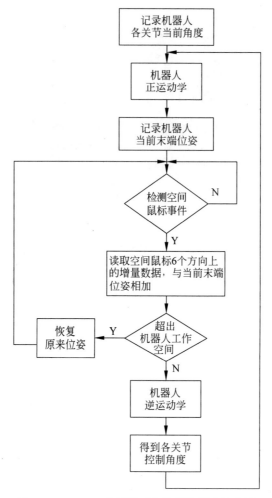

图 5-11　Omega7 力反馈手柄控制机器人流程图

　　　　　　pz：设备末端 Z 方向位置，单位为 m；

　　　　　　oa：设备末端绕 X 轴的姿态，单位为(°)；

　　　　　　ob：设备末端绕 Y 轴的姿态，单位为(°)；

　　　　　　og：设备末端绕 Z 轴的姿态，单位为(°)；

　　　　　　ID：设备 ID 号。

　　返回值：若成功，返回 0；否则，返回 −1。

　　（3）int dhdSetForceAndTorqueAndGripperTorque(double fx, double fy, double fz, double ta, double tb, double tg, double t, char ID)

　　描述：设置力反馈设备末端的力和力矩，以及手爪力矩。

　　参数：fx：末端 X 方向力，单位为 N；

　　　　　　fy：末端 Y 方向力，单位为 N；

　　　　　　fz：末端 Z 方向力，单位为 N；

　　　　　　ta：末端绕 X 轴力矩，单位为 N·m；

　　　　　　tb：末端绕 Y 轴力矩，单位为 N·m；

　　　　tg：末端绕 Z 轴力矩，单位为 N・m；

　　　　t：手爪力矩，单位为 N・m；

　　　　ID：设备 ID 号。

返回值：若成功，返回 0；否则，返回 −1。

（4）int dhdClose（char ID）

描述：关闭力反馈设备的连接。

参数：ID：设备 ID 号。

返回值：若成功，返回 0；否则，返回 −1。

2．程序实例

```
CRobot m_Robot;              //机器人类
float m_RobotCaste[6];
float forcefb[7];
```

初始化部分：

```
InitOmega()
{
    dhdOpen();
    m_Robot.ForwardKinematics();
}
```

循环控制部分：

```
void OnTimer(UINT nIDEvent)
{
  dhdGetPositionAndOrientationDeg(&omega7_x, &omega7_y, &omega7_z, &omega7_rx, &omega7_ry,
&omega7_rz);

  m_RobotCaste[0] = m_Robot.X + omega7_x;
  m_RobotCaste[1] = m_Robot.Y + omega7_y;
  m_RobotCaste[2] = m_Robot.Z + omega7_z;
  m_RobotCaste[3] = m_Robot.RX + omega7_rx;
  m_RobotCaste[4] = m_Robot.RY + omega7_ry;
  m_RobotCaste[5] = m_Robot.RZ + omega7_rz;
  m_Robot.SetRobotCastePos(m_RobotCaste);
  m_ Robot.InversKinematic();
  for (int j = 0;j < 6;j++)
  {   m_ArmCtlData.Joint[j] = m_ Robot.Joint[j];}

  dhdSetForceAndTorqueAndGripperTorque (forcefb[0], forcefb[1], forcefb[2], forcefb[3],
forcefb[4], forcefb[5], forcefb[6]);
}
```

结束部分：

```
int CloseOmega()
{
    dhdClose();
}
```

5.4.4 交互实例

基于 Omega7 力反馈手柄的机器人交互操作系统框图如图 5-12 所示，3D 图形预测仿真计算机为操作者提供虚拟现实场景，操作者通过 Omega7 力反馈手柄控制机械臂的关节角或机械臂末端位姿的方式控制虚拟模型，从端机器人会跟随虚拟模型做出同样的动作；同时从端机器人将各传感器测得的信息、相机的图像等传回操作者，操作者通过手柄感知远端机器人的受力情况，完成模块更换（Orbital Replacement Unit，ORU）任务。

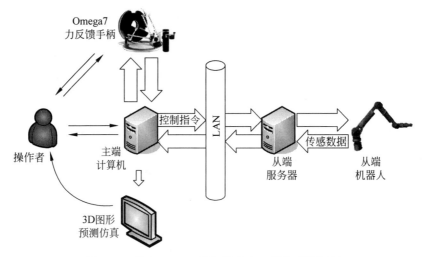

图 5-12　基于 Omega7 的机器人交互操作系统框图

ORU 模块设计技术是将卫星或飞船上的陀螺仪、电池组、相机及执行机构伺服系统等设计成在轨可更换模块，一旦这些部件在运行过程中出现问题，可以通过将卫星上存储或服务航天器携带的该部件的冗余备份，直接对这些部件进行更换，恢复系统功能。

在该实验中，机械臂通过标准化、通用化接口与末端操作工具相连，末端操作工具另一端同样通过标准化、通用化接口与在轨可更换模块末端适配器相连接。操作者利用 Omega7 力反馈手柄，控制机械臂实现末端操作工具位姿的准确定位，对可更换模块进行抓取、插拔以及转移等任务，如图 5-13 所示。

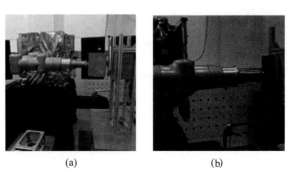

(a)　　　　　　　　　　　　(b)

图 5-13　机器人更换 ORU 模块的交互操作

（a）转移 ORU；（b）插入 ORU

5.5　基于 HAPTION 力反馈手柄的机器人交互

5.5.1　HAPTION 介绍

法国 HAPTION 公司高精度 6 自由度力反馈器 Virtuose 6D 35-45(图 5-14),不仅可以精确地输入三维空间的位姿,还可以真实地实现力反馈,同时还提供强大的辅助功能,如工作空间的累加,使其输入的空间变大,很好地解决了自身工作空间有限的影响;同时只有当操作者握住手柄时,HAPTION 才会读取输入,提高了系统的安全性。

图 5-14　HAPTION 力反馈手柄

主要技术指标如下:

(1) 自由度数:6 个。

(2) 工作空间:450mm×450mm×450mm。

(3) 位置分辨率:0.004mm。

(4) 最大力反馈:平移 35N,旋转 3N·m。

(5) 连续力反馈:平移 10N,旋转 1N·m。

(6) 按钮:两个可编程按钮。

设备连接关系如图 5-15 所示。

HAPTION专用PC　　应用程序

图 5-15　HAPTION 力反馈手柄设备连接

5.5.2　基本流程

由于 HAPTION 力反馈手柄的运动范围比较大,因此可采用绝对式控制方式实现人机交互。在该方式下,操作者通过移动或转动手柄,实现机械臂末端目标位姿的输入,并获得力反馈信息,控制流程如图 5-16 所示。

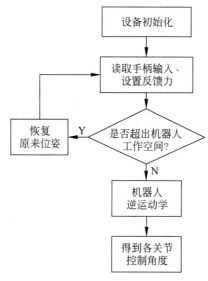

图 5-16　HAPTION 力反馈手柄控制机器人流程图

在控制过程中,交互程序直接利用力反馈手柄的 3 个移动和 3 个转动方向数据,控制机器人末端运动,若得出的位姿仍在机器人的工作空间内,会调用逆运动学程序解算关节角,发送控制指令,若得出的位姿超出了机器人的运动范围或出现了奇异,则恢复原来的位姿。

当机械臂末端有外界力的作用时,力的大小和方向可由力传感器测得,传输回主端计算机,再通过 API 函数向力反馈手柄发送指令,施加给力反馈手柄相应方向,从而给操作者力的感受。

5.5.3　程序实现

1. 重要 API 函数

(1) VirtContext virtOpen(const char * host)

描述:打开一个 Virtuose 控制器的连接。

参数:参数 host 对应"udpxdr://identification:port_number+interface";

　　　Identification:IP 地址,如"192.168.1.1";

　　　port_number:默认为 0,API 自动查找从 3131 开始的自由端口;

　　　interface:可忽略。

返回值：若连接成功，返回 VirtContext 类型的指针；否则，返回 NULL，可通过 virtGetErrorCode 获取错误代码。

（2）int virtSetIndexingMode(VirtContext VC，VirtIndexingType mode)

描述：设置偏置模式。

参数：VC：virtOpen 函数返回的 VirtContext 对象；

　　　mode：偏置类型，有以下三种：

　　　INDEXING_ALL：无论偏置按键是否按下或电源关闭，偏置对平移和旋转运动同时有效；

　　　INDEXING_TRANS：偏置仅对平移运动有效；当电源打开时，设备沿着一条直线返回至上次关闭电源的方位；

　　　INDEXING_NONE：偏置无效；当电源打开时，设备沿着一条直线返回至上次关闭电源的位置。

返回值：若设置成功返回 0；否则返回−1，通过 virtGetErrorCode 获取错误代码。

（3）int virtSetForceFactor(VirtContext VC，float factor)

描述：设置 Virtuose 手柄末端力与仿真环境里计算力之间的力系数。选择控制模式之前必须调用。

参数：VC：virtOpen 函数返回的 VirtContext 对象；

　　　factor：力系数，当 factor 小于 1 时表示 Virtuose 到仿真环境的力放大。

返回值：若设置成功返回 0；否则返回−1，通过 virtGetErrorCode 获取错误代码。

（4）int virtSetTimeStep(VirtContext VC，float timeStep)

描述：告诉 Virtuose 控制器仿真的步长，用来保证系统的稳定性。选择控制模式之前必须调用。

参数：VC：virtOpen 函数返回的 VirtContext 对象；

　　　timeStep：仿真步长，单位为 s。

返回值：若设置成功返回 0；否则返回−1，通过 virtGetErrorCode 获取错误代码。

（5）int virtSetBaseFrame (VirtContext VC，float ∗ pos)

描述：设置 Virtuose 基座坐标系。

参数：VC：virtOpen 函数返回的 VirtContext 对象；

　　　pos：基座变换矩阵。

返回值：若设置成功返回 0；否则返回−1，通过 virtGetErrorCode 获取错误代码。

（6）int virtSetCommandType(VirtContext VC，VirtCommandType type)

描述：设置 Virtuose 设备的控制模式。

参数：VC：virtOpen 函数返回的 VirtContext 对象；

　　　type：设备控制模式；

　　　COMMAND_TYPE_NONE：不可能运动；

　　　COMMAND_TYPE_IMPEDANCE：力/位控制；

　　　COMMAND_TYPE_VIRTMECH：虚拟机构的位置/力控制。

返回值：若设置成功返回 0；否则返回−1，通过 virtGetErrorCode 获取错误代码。

（7）int virtSetPowerOn（VirtContext VC，int switch）

描述：设置 Virtuose 设备的力反馈开关。

参数：VC：virtOpen 函数返回的 VirtContext 对象；

　　　switch：力反馈开关，1 表示开，0 表示关。

返回值：若设置成功返回 0；否则返回－1，通过 virtGetErrorCode 获取错误代码。

（8）int virtGetButton（VirtContext VC，int button，int ＊ state）

描述：返回 Virtuose 手柄端按键的状态。

参数：VC：virtOpen 函数返回的 VirtContext 对象；

　　　button：按键编号；

　　　state：按键状态，1 表示按下，0 表示释放。

返回值：若设置成功返回 0；否则返回－1，通过 virtGetErrorCode 获取错误代码。

（9）int virtGetPosition（VirtContext VC，float ＊ pos_p_env）

描述：返回 Virtuose 手柄的当前位姿。

参数：VC：virtOpen 函数返回的 VirtContext 对象；

　　　pos_p_env：表示末端位姿的 7 个元素位姿向量。

返回值：若设置成功返回 0；否则返回－1，通过 virtGetErrorCode 获取错误代码。

（10）int virtGetSpeed（VirtContext VC，float ＊ speed_p_env_r_ps）

描述：返回 Virtuose 手柄的当前速度。

参数：VC：virtOpen 函数返回的 VirtContext 对象；

　　　pos_p_env：表示末端速度的 6 个元素的速度向量。

返回值：若设置成功返回 0；否则返回－1，通过 virtGetErrorCode 获取错误代码。

（11）int virtSetForce（VirtContext VC，float ＊ force_p_env_r_ps）

描述：在 Virtuose 手柄的阻抗控制模式下，设置 Virtuose 手柄末端力。

参数：VC：virtOpen 函数返回的 VirtContext 对象；

　　　force_p_env_r_ps：表示末端力的 6 个元素向量。

返回值：若设置成功返回 0；否则返回－1，通过 virtGetErrorCode 获取错误代码。

（12）int virtClose（VirtContext VC）

描述：关闭 Virtuose 控制器的连接。

参数：VC：virtOpen 函数返回的 VirtContext 对象。

返回值：若连接成功，返回 VirtContext 类型的指针；否则，返回 NULL，可通过 virtGetErrorCode 获取错误代码。

2. 程序实例

```
VirtContext VC;
CRobot m_Robot;              //机器人类
float m_RobotCaste[6];
```

初始化部分：

```
int InitHaption()
{
    VC = virtOpen("192.168.1.1");
```

```
    float identity[7] = {0.0f,0.0f,0.0f,0.0f,0.0f,0.0f,1.0f};
    virtSetIndexingMode(VC, INDEXING_ALL);
    virtSetForceFactor(VC, 1.0f);
    virtSetTimeStep(VC, 0.003f);
    virtSetBaseFrame(VC, identity);
    virtSetCommandType(VC, COMMAND_TYPE_IMPEDANCE);
    virtSetPowerOn(VC, 1);
}
```

循环控制部分：

```
void OnTimer(UINT nIDEvent)
{
    virtGetButton(VC,1,&RbuttonSta);
    virtGetPosition(VC, HaptionPosRawData);
    virtGetSpeed(VC, HaptionRawSpeData);
    virtSetForce(VC,HaptionForce);

    m_RobotCaste[0] = HaptionPosRawData[0];
    m_RobotCaste[1] = HaptionPosRawData[1];
    m_RobotCaste[2] = HaptionPosRawData[2];
    //经过 HaptionPosRawData 四元数向欧拉角 HaptionPosData 变换
    m_RobotCaste[5] = HaptionPosData[3];
    m_RobotCaste[4] = HaptionPosData[4];
    m_RobotCaste[3] = HaptionPosData[5];
    //计算机器人期望角度
    m_Robot.SetRobotCastePos(m_RobotCaste);
    m_Robot.InversKinematic();
    for (int j = 0;j < 6;j++)
    {   m_ArmCtl.Joint[j] = m_Robot.Joint[j];   }
}
```

结束部分：

```
closeHaption()
{
    virtClose(VC);
}
```

5.5.4 交互实例

基于 HAPTION 力反馈手柄,搭建了一套空间机器人交互操作系统。该系统可分为在轨系统和地面系统两部分,如图 5-17 所示。其中,在轨系统主要由卫星平台、空间机器人和目标卫星组成。空间机器人由一个 6 自由度机械臂、手眼相机、全局相机和手爪等组成。

地面操作系统主要包含预测仿真软件、任务规划与数据管理软件、图像监控软件三个部分,操作者利用 HAPTION 力反馈手柄可以控制机械臂的末端或指定关节进行大范围运动,实现模拟装配、在轨状态检测等任务,并可以感知反馈力信息。

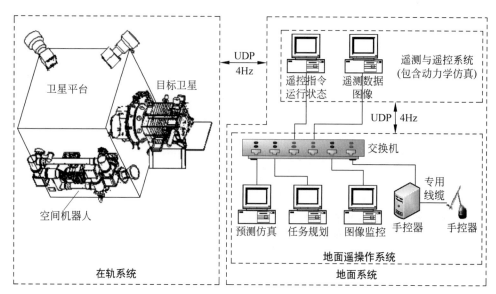

图 5-17　基于 HAPTION 手柄的机器人交互操作系统

习　题

5.1　键盘和鼠标在机器人交互中的作用主要体现在哪些方面？

5.2　请说明利用力反馈手柄控制机器人运动的流程。

第 6 章

基于数据手套的机器人灵巧手交互

6.1 数据手套概述

6.1.1 数据手套

数据手套是一种多模式的虚拟现实硬件,通过软件编程,可进行虚拟场景中物体的抓取、移动、旋转等动作,也可以利用它的多模式性,作为一种控制场景漫游的工具。

数据手套为虚拟现实系统提供了一种全新的交互手段,目前的产品已经能够检测手指的弯曲角度,并利用磁定位传感器精确地定位出手在三维空间中的位置。这种结合手指弯曲角度测量和空间定位测量的数据手套称为"真实手套",可以为用户提供一种非常真实自然的三维交互手段,如图 6-1 所示。

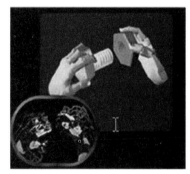

图 6-1 数据手套应用场景

数据手套通过弯曲传感器检测手指弯曲角度。弯曲传感器通常由柔性电路板、力敏元件、弹性封装材料组成,通过导线连接至信号处理电路;在柔性电路板上设有至少两根导线,以力敏材料包覆于柔性电路板大部,再在力敏材料上包覆一层弹性封装材料,柔性电路板留一端在外,以导线与外电路连接。

利用数据手套,可以把人手位姿实时准确地传递给虚拟环境,也能够把虚拟环境中的接触信息反馈给操作者,使操作者以更加直接、自然、有效的方式与虚拟世界进行交互,大大增强了互动性和沉浸感。数据手套为操作者提供了一种通用、直接的人机交互方式,特别适用于需要多自由度手模型对虚拟物体进行复杂操作的虚拟现实系统。此外,借助数据手套的力/触觉反馈功能,用户能够用手亲自"触碰"虚拟世界,营造出更为逼真的使用环境,并在与计算机制作的三维物体进行互动的过程中真实感受到物体的力与振动,能够让用户真实感触到物体的移动和反应。

6.1.2 常见数据手套

常用的商业数据手套主要包括:

1. CyberGrasp(美国,CyberGlove)

美国 CyberGlove 公司的力反馈数据手套 CyberGrasp(图 6-2(a))是一款设计轻巧而且有力反馈功能的装置,像盔甲一般附在数据手套 CyberGlove(图 6-2(b))上。使用者可以通过 CyberGrasp 力反馈系统去触摸计算机所呈现的 3D 虚拟物体,感觉就像触碰到真实的东西一样。

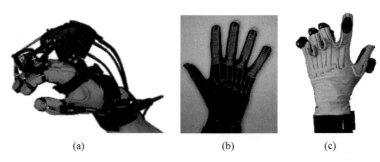

(a)   (b)   (c)

图 6-2 CyberGlove 数据手套

(a) CyberGrasp;(b) CyberGlove;(c) CyberTouch

该力反馈数据手套需配合数据手套 CyberGlove 来测量操作者手指各个关节的角度,从而构成一套完整的力反馈装置。其外骨骼机构与驱动机构是分离的,中间采用绳索驱动,绳系和 5 个高带宽的驱动器进行连接。

主要技术指标如下:

(1) 每根手指最大连续反馈力:12N;

(2) 传感器数量:18 或 22;

(3) 传感器精度:<1°;

(4) 传感器重复性:3°(佩戴手套之间的平均标准差);

(5) 传感器线性度:整个关节范围内最大 0.6% 标准偏差非线性度;

(6) 传感器采样速率:90 记录/s;

(7) 工作温度:10～45℃;

(8) 每个 USB/无线收发器支持的手套数量:1 副。

CyberTouch(图 6-2(c))是 CyberGlove 公司的一款触觉反馈的数据手套,利用其振动的触觉反馈功能,操作者能够通过佩戴 CyberTouch 的双手亲自"触碰"虚拟世界,并在与计算机制作的三维物体进行互动的过程中真实感受到反映接触信息的振动反馈。触觉反馈能够营造出更为逼真的使用环境,让用户真实感触到物体的移动和反应。此外,CyberTouch

系统也可用于数据可视化领域,能够探测出与地面密度、水含量、磁场强度、危害相似度或光照强度相对应的振动强度。

CyberTouch 的特色是在手指与手掌部位设置了许多小型触觉振动器。每个振动器可以独立编辑不同强度的触感压力。该振动器能产生单一频率或持续性的振动,且可以感受到虚拟物体的外形。因此软体开发设计师除了可以自由设计他们想要的物体外形,还可以定义虚拟物体的触感。

主要技术指标如下:

(1) 触觉振动器:6 个;每根手指配备 1 个、手掌配备 1 个;

(2) 振动频率:0～125Hz;

(3) 振幅:125Hz(大值)下的峰值为 1.2N。

2. 5DT(南非,5DT)

5DT 数据手套(图 6-3)具有两个型号:5DT Data Glove 5 Ultra 和 5DT Data Glove 14 Ultra。其中,5DT Data Glove 5 Ultra 共 5 个传感器,测量使用者每个手指的指节与第一个关节弯曲角度。5DT Data Glove 14 Ultra 共 14 个传感器,每个手指 2 个传感器,一个测量指节,另一个测量第一个关节,以及 4 个传感器用来测量手指之间的展开角度。该系统与计算机的接口通过 USB 线缆连接。它具有 8 位柔性分辨率,极高的舒适度,低漂移和开放式架构。5DT Data Glove Ultra 的无线套件接口通过蓝牙技术(高达 20m 距离)与计算机相连。一个单块电池用于高速连接,可持续使用 8h,具备左右手两种构型可供选择。

5DT 数据手套的 SDK 和 GloveManager 工具兼容 Windows、Linux、UNIX 操作系统,具备手指运动检测、手套数据记录、同时支持多副手套、基于 TCP/IP 数据传输的远程操作、姿势自动校正、微调等功能。

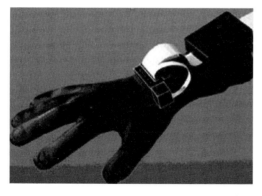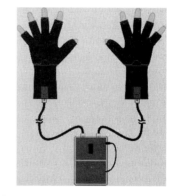

图 6-3 5DT 数据手套

3. ShapeHand(加拿大,Measurand)

ShapeHandPlus 系统包含 ShapeHand 捕捉系统(图 6-4)与手臂跟踪系统 ShapeTape 两部分,可跟踪用户整个手和手臂的动作和姿态,包括旋转和偏移。其中 ShapeHand 数据手套是一款无线便携式轻型手动作捕捉系统,配有柔韧性极强的条带,可用于捕获手和手指的动作。该产品独特的可连接及拆卸的传感器组件设计支持使用不同尺寸的手套。ShapeHand 传感器并非固定在手套上,而是采用与手套连接的方式,从而可以适应不同手型的需要。不同于其他统一尺寸的手套设备,ShapeHand 捕捉系统提供大、中、小号手套,可适合不同大小的手佩戴。ShapeHand 与众不同的优势在于其手套组件可以在弄脏或破损的情况下轻松地拆卸下来。ShapeHand 数据手套的应用领域主要包括虚拟现实、动画人物手的动作捕捉、动作识别、计算机辅助设计、机器人技术、动作分析、3D 输入、手语等。

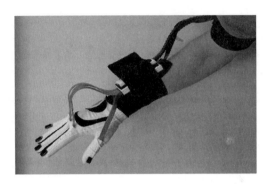

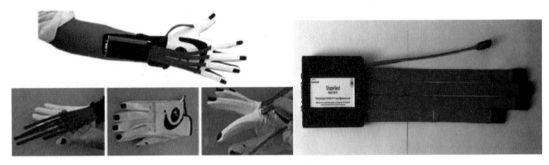

图 6-4　ShapeHand 数据手套

4. Vhand (意大利,DGTech)

意大利 DGTech 公司的 Vhand 数据手套兼具实用性和经济性,DG5-Vhand 3.0(图 6-5)数据手套是一个完整并富有创新的运动检测传感器。该产品配置了 5 个嵌入弯曲传感器,可以对人手的手指弯曲进行精确测量。此外,其嵌入式 9 轴(3 轴加速度计、3 轴陀螺仪和 3 轴磁强计)运动传感器可以对人手的动作和手的方向进行测量,用于虚拟环境的交互。该数据手套可用于不同的应用领域,包括机器人技术、动作捕捉、虚拟现实、创新游戏、复原及对残障人士的辅助等。

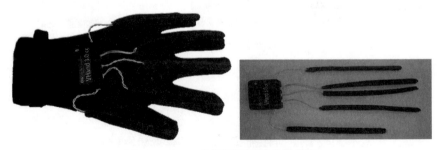

图 6-5　Vhand 数据手套及弯曲传感器

6.2　数据手套程序开发

6.2.1　基本流程

利用数据手套的软件开发包,可实现基于数据手套的应用程序开发。基本流程如下:
(1) 连接设备:建立数据手套设备与计算机之间的连接,主要实现设备的初始化。
(2) 连接手套:在设备连接基础上,进一步建立数据手套与计算机之间的连接。
(3) 采集数据:利用两层循环逻辑,实时采集数据手套所有手指、所有关节的数据。

6.2.2　编程实例

```
m_pGloveDict = vhtIOConn::getDefault(vhtIOConn::glove);        //连接设备
if (m_pGloveDict != NULL)
    m_pGlove = new vhtCyberGlove(m_pGloveDict);                //连接手套
m_pGlove->update();

if (m_pGlove != NULL)
{
    for( int finger = 0; finger < GHM::nbrFingers; finger++)
      for( int joint = 0; joint <= GHM::nbrJoints; joint++)
        {
            //采集数据
            GloveRawData[finger][joint] = m_pGlove->
              getRawData((GHM::Fingers)finger, (GHM::Joints)joint);
        }
}
```

相关说明:
(1) 连接设备 vhtIOConn::getDefault(vhtIOConn::glove)

```
class vhtIOConn
{
  public:
    enum Parameters { glove, tracker, grasp, touch  };
    vhtIOConn vhtIOConn (const char * aDeviceClass, const char * aHost, const char * aPort,
const char * aDevice, const char * aRate)    //Construct a connection to VTIDM.
    vhtIOConn ( char * connectString )   // Construct a VTIDM connection
    static vhtIOConn * getDefault (Parameters aParam) // Get a default VTIDM connection
};
```

(2) 更新数据手套数据 m_pGlove->update()
用于更新手套数据,利用设备的最新数据更新内部数据缓冲区(Update internal data buffers with the most recent data from the physical device)。

（3）采集数据 getRawData（（GHM::Fingers)finger，(GHM::Joints)joint)

```
getRawData():
Get raw (uncalibrated) sensor data from finger related sensors
Arguments: GHM::Fingers aFinger, GHM::Joints aJoint.
Returns virtual double
class GHM
{
    public:
        enum Fingers { thumb = 0, index, middle, ring, pinky };
        enum Joints {metacarpal = 0,  proximal = 1,  distal = 2,  fingerTip = 3,
                abduct = fingerTip,  palmJoint =-1,  palmArch = metacarpal,
                wristFlexion = proximal,  wristAbduction = distal };
};
```

6.3　机器人灵巧手介绍

HIT/DLR Ⅱ机器人灵巧手是由哈尔滨工业大学（HIT)与德国宇航中心（DLR)联合研发的一款多传感器、高度集成的机器人灵巧手（图 6-6)，该灵巧手由 5 个相同结构的模块化手指和 1 个独立的手掌构成，每个手指有 4 个关节、3 自由度，所有的驱动器和电路板均集成在手指或手掌内。采用新型的体积小、输出力矩大的盘式无刷直流驱动电动机，质量轻的谐波减速器，齿形皮带等驱动传动方案，使手指的体积和质量显著减小；采用钢丝耦合传动方案，实现手指末端两个关节的 1∶1 耦合运动；手指具有位置、力/力矩、温度等多种感知功能。层次化的灵巧手硬件结构由手指电气系统、手掌电气系统和 PCI 总线控制卡等组成，灵巧手具有点对点串行通信、CAN 以及网络等多种通信接口。在灵巧手的设计中，将外观设计与灵巧手的本体设计融为一体，实现灵巧手与人手相近的体积和外观。五指灵巧手的质量为 1.5kg，手指的指尖输出力为 10N。

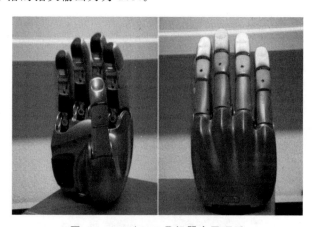

图 6-6　HIT/DLR Ⅱ机器人灵巧手

6.3.1　机器人灵巧手机械系统

HIT/DLR Ⅱ机器人灵巧手具有集成化、模块化的特点的同时,其功能和外观也更加类人型。图 6-7 为 HIT/DLR Ⅱ灵巧手的原型图及关节的配置图。

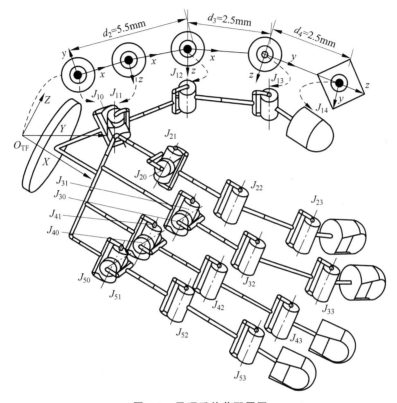

图 6-7　灵巧手关节配置图

HIT/DLR Ⅱ灵巧手的设计遵循以下准则。

(1) 外形和功能类人型,且具有 5 个手指。

(2) 所有驱动系统、传动系统、传感器系统、电气系统都要集成在结构本体内部。同时,板际间的走线不能裸露在外,不能妨碍手指运动。

(3) 在外形同人手相似的同时,也要保证结构的紧凑性和灵活性,即质量小于 1.5kg、手指长度小于 110mm 和手指宽度小于 20mm。

(4) 满足(3)的同时,尽可能增加手指运动范围,保证灵巧手能够实现抓握物体、捏卡片及手语等表示动作。

(5) 满足(4)的同时,尽量提高驱动器的动力及机构的鲁棒性。

HIT/DLR Ⅱ灵巧手的手指基本参数如表 6-1 所示。

表 6-1　HIT/DLR Ⅱ手指的基本数据

第一指节	长×宽/mm×mm	55.00×20.00
第二指节	长×宽/mm×mm	25.00×20.00

末端指节	长×宽/mm×mm	25.00×19.20
基关节部分	长×宽/mm×mm	64.10×24.66
手指	总长/mm	169.10
	总重/g	220.00
指尖输出力	输出力/N	10.00

6.3.2 机器人灵巧手电气系统

根据分层控制和模块化原理,HIT/DLR Ⅱ 五指机器人灵巧手控制系统采用基于 DSP/FPGA 的控制结构,如图 6-8 所示。将所有数据处理和控制算法分为 5 层:底层由手指 DSP 和 FPGA 实现传感器数据采集、处理及电机驱动;在通信层由手掌 FPGA 传递传感器信号并且为各手指分配控制命令;高层由高速浮点 DSP 执行各种任务规划及多指协调,整个系统控制周期为 $200\mu s$;顶层由计算机提供多种人机接口,包括实现指令控制的外部命令层和力反馈数据手套控制的遥操作层。

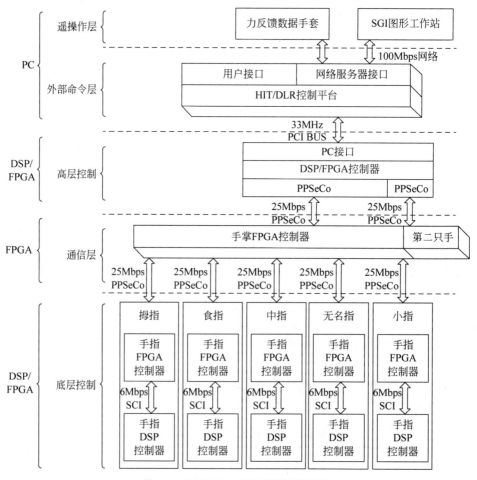

图 6-8 HIT/DLR Ⅱ 灵巧手控制结构

在 HIT/DLR Ⅱ 灵巧手工作过程中,主要通过计算机完成顶层的规划任务,即首先根据被抓物体进行三维建模,求解出手指的最佳抓取点和抓取力,并根据求得的抓取点和抓取力结果计算出机器人灵巧手手指各关节的期望角度和期望速度,由高速浮点 DSP 规划出手指各关节的跟踪曲线,再向手指的 FPGA 和 DSP 发送控制命令,FPGA 和 DSP 根据这些命令来驱动电机,进而带动灵巧手的各关节,完成期望的操作。

6.4 数据手套交互控制灵巧手方法

对于机器人灵巧手的运动控制,最直观的交互控制方式一般采用"手套"式交互设备进行控制。当操作者的手指套入"手套"中进行运动时,机器人灵巧手手指跟随操作者手指运动。本节以 CyberGlove 公司的 CyberGrasp 数据手套为例(图 6-9),实现对 HIT/DLR Ⅱ 机器人灵巧手的交互控制。该数据手套的优点就是重量轻,操作者穿戴和使用都非常方便;主要缺点是不同的操作者穿戴,传感器位置会滑移,而且关节传感器测量的角度需要标定,才能满足操作的要求。

利用数据手套控制机器人灵巧手,需要将人手的运动准确映射到机器人灵巧手的运动,因此需要进行运动映射。一种好的映射应该具有如下特征:首先映射关系要直观,也就是让操作者易于掌握,部分学者认为人手到

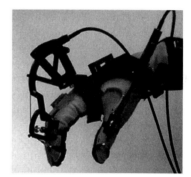

图 6-9 力反馈数据手套

灵巧手之间的映射应仅限于平移变换和一个线性的比例缩放关系,要尽可能多地映射到灵巧手能够达到的工作空间,体现灵巧手的灵活性。

由于人手模型与灵巧手模型不可能完全一致,因此不能直接将数据手套获得的传感器数据直接用来控制灵巧手运动。一般来说,将人手的运动映射到灵巧手上有两种方法:基于关节空间的位置映射和基于笛卡儿空间指尖位置的映射。基于关节空间的位置映射比较简单,只要将完成识别的人手模型中的关节角度通过数据手套测量得到,然后映射到相应的灵巧手的关节上即可;而基于笛卡儿空间指尖位置的映射要复杂些,主要是因为人手与灵巧手结构尺寸和外形的差异造成了两者指尖在空间活动范围的差异。

机器人灵巧手的交互控制如图 6-10 所示。数据手套测量操作者手指的关节角度,通过关节/指尖位置映射得到灵巧手的关节角度,控制灵巧手运动。同时,灵巧手的关节力矩传感器实时测量灵巧手手指的实际接触力,通过力映射成指尖的接触力,驱动力反馈装置,使操作者获得相同大小的接触力感觉,实现力觉临场感,更好地进行遥操作。

6.4.1 关节空间的位置映射

当使用灵巧手进行强力抓握时,采用简单的关节空间映射方式即可。对于灵巧手的每个关节,采用一阶线性函数映射方式进行映射,见式(6-1)。

$$G_o = AG_i + B \qquad (6-1)$$

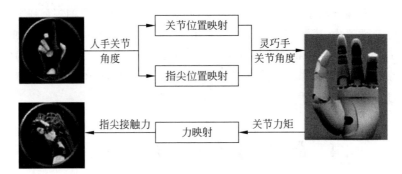

图 6-10　灵巧手交互控制

式中, G_i 为数据手套传感器的测量矩阵(5×3)； G_o 为标定后灵巧手的控制矩阵(5×3)； A 为标定增益系数矩阵(5×5)； B 为标定偏置矩阵(5×3)。

6.4.2　笛卡儿空间的指尖位置映射

利用灵巧手进行精确抓取,必须精确控制灵巧手的指尖位置和姿态,因此必须采取笛卡儿空间指尖位置方式。具体流程如下：

(1) 采集数据手套的传感器数据。为了控制机器人灵巧手,只需其中的 15 个手指关节传感器。通过数据手套得到操作者手部的每个手指的三个角度：基关节侧摆角度、基关节角度、指间关节角度。

(2) 计算人手手指指尖位姿。通过人手正运动学模型计算人手手指指尖位姿。

人手本身是一种很复杂的机构,为满足灵巧手遥操作映射的需要,如图 6-11 所示,建立了适合测量人手关节角度和指尖位置的运动学模型。建立的人手模型按优先次序满足以下三个要求：

① 模型能够精确地表示和测量人手各关节角度和手指指尖位置。

② 模型中手指关节配置位置要和 CyberGlove 数据手套关节传感器所处位置一致。

③ 考虑人手模型和 HIT/DLR 灵巧手模型之间的结构相似性。

图 6-11 中的人手模型是刚性连杆结构,没有考虑手指关节组织之间的变形和关节与关节之间的滑动。人手模型的基坐标设在拇指掌骨和食指掌骨的交叉连接处,基坐标的原点为 O_0, x 轴向上指向食指的掌骨方向, y 轴指向手掌的外侧,而 z 轴由右手定则决定,垂直于掌面。每个手指各有 4 个关节。在该人手的运动学模型中,大拇指模型的建立复杂些；大拇指的基关节具有两个自由度：外展/内收方向 θ_{T0}(abduction/adduction),翘曲方向 θ_{T1} (flexion/extension)。大拇指上面的两个关节为 θ_{T2} 和 θ_{T3}。

该人手模型中食指的基关节有两个正交的自由度：外展/内收方向自由度 θ_{I0} 和翘曲方向自由度 θ_{I1},而食指上面两个关节角度分别为 θ_{I2} 的 θ_{I3},而且轴线和 θ_{I1} 轴线是平行的,其相应四个杆长为 a_{I1}, a_{I2}, a_{I3}, a_{I4}。中指、无名指和小拇指的手指模型结构和食指基本上是一样的,唯一不同的地方就是基关节原点分别沿 z 轴方向和 x 轴方向平移相应的距离。因此在本章下面的手指建模、手指几何参数识别等内容中主要以食指和拇指为例进行研究,而中指、无名指和小拇指的研究与食指类似。

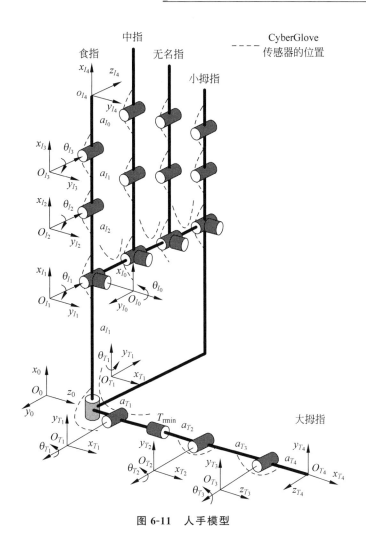

图 6-11　人手模型

图 6-12 中 CyberGlove 数据手套,小圆圈代表角度传感器,CyberGlove 数据手套上一共配置有 22 个光纤角度传感器,用到 19 个关节角度传感器。图中椭圆虚线中的三个传感器用于测量手掌姿态,本节没有利用这三个传感器。图 6-12 的人手模型中虚线标示出19 个 CyberGlove 数据手套关节传感器在人手模型中相应的位置。从图 6-11 和图 6-12 的对应分析可以看出,建立人手模型关节的配置位置和数据手套关节传感器的所处位置相一致。

(3) 确定灵巧手手指指尖位姿。通常情况下,将(2)计算得到的人手手指指尖位姿直接用来控制灵巧手各手指指尖位姿即可。但是,当人手手指指尖位姿超出灵巧手手指指尖位姿时,以灵巧手手指指尖极限位姿为准。

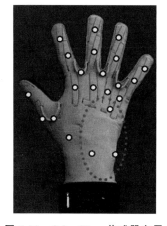

图 6-12　CyberGlove 传感器布局

(4) 计算灵巧手的关节角度。通过灵巧手逆运动学计算灵巧手的关节角度,并控制灵巧手运动。

6.4.3　力觉临场感映射

临场感技术是使不在现场的操作人员实时感受远端机器人所感知的环境信息,并熟练有效地遥控机器人的一种交互技术。临场感技术中包括机器人与环境之间的交互和机器人与操作者之间的交互。机器人与非确定环境的交互主要指机器人对环境感知,一般由机器人传感器系统采集环境信息并将信息传输给操作者,达到有效反馈和精确遥控的目的。机器人与人的交互主要指操作者通过交互控制实现机器人的规划和决策,而机器人则可在人所不能到达的环境中进行灵巧作业。这实际上是将人的智能与机器的精细作业结合起来,使机器人在人所不易达到的环境(如核环境、空间、海底)代替人进行智能、灵巧作业,完成许多人类无法胜任的工作。

采用美国 CyberGlove 公司的 CyberGrasp 作为灵巧手的力反馈装置。CyberGrasp 是一种可穿戴的力反馈装置,因而不影响操作者每个手指的动作。每个手指用一根绳索驱动,绳索的末端通过圆环套在操作者的指尖,而且是单向的,只能向后拉操作者的手指,而不能向前推。每根绳索用一个电机驱动,电机驱动的最大力是 12N,频响能达到 1000Hz,因此施加到操作者手上的力是连续、平稳的。

HIT/DLR Ⅱ灵巧手手指具有丰富的力与力矩传感系统:中间指节上有一个一维力矩传感器,在基关节有一个二维力矩传感器。利用基关节力矩传感器和指节力矩传感器的输出计算得出指尖力,并反馈给 CyberGrasp 力反馈装置:

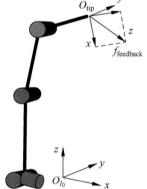

$$\boldsymbol{F}_{\text{tip}} = \boldsymbol{J}^{-\text{T}} \cdot \boldsymbol{\tau} \qquad (6\text{-}2)$$

式中,$\boldsymbol{\tau}$ 为 3×1 向量,$\boldsymbol{\tau} = \begin{bmatrix} \tau_1 & \tau_2 & \tau_3 \end{bmatrix}^{\text{T}}$,$\tau_1$、$\tau_2$ 为基关节两维力矩输出,τ_3 为指节的力矩;$\boldsymbol{F}_{\text{tip}}$ 为 3×1 向量,$\boldsymbol{F}_{\text{tip}} = \begin{bmatrix} F_x & F_y \\ F_z \end{bmatrix}^{\text{T}}$,代表指尖坐标下的三维力;$\boldsymbol{J}$ 为 3×3 的手指雅可比矩阵。

在实际应用中,CyberGrasp 力反馈装置的绳索一般近似以 $45°$ 作用于操作者手指,并在操作过程中不断变化,因此要实现灵巧手手指指尖力的方向和力反馈装置作用于人手手指的方向完全一致是很困难的。如图 6-13 所示,在计算力反馈装置的指尖反馈力时,利用计算出的指尖坐标下的三维力中 x 方向和 z 方向的合力作为反馈的指尖力。

图 6-13　计算的指尖力模型

$$f_{\text{feedback}} = \sqrt{F_x^2 + F_z^2} \qquad (6\text{-}3)$$

6.5　交　互　实　例

采用 CyberGlove 公司的 CyberTouch 数据手套,利用关节空间运动映射方法,实现了对 HIT/DLR Ⅱ五指机器人灵巧手的直观交互控制。此外,CyberTouch 每个手指上具有振动反馈器,利用机器人手指的关节力矩传感器,能够给操作者提供手指的接触反馈信息。

在 Visual C++ 开发环境下,利用 CyberTouch 和 HIT/DLR Ⅱ五指机器人灵巧手的 API 接口函数,开发了数据手套控制机器人灵巧手的交互控制软件,如图 6-14 所示。主要包括机器人灵巧手的初始化、控制模式选择、操作使能等,以及数据手套的连接和控制切换。其中,人手与数据手套的运动映射通过离线方式实现,并存在程序中。

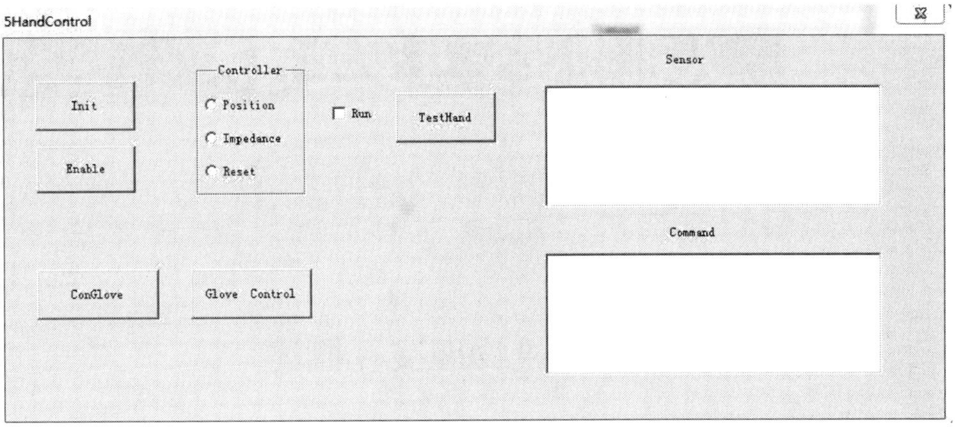

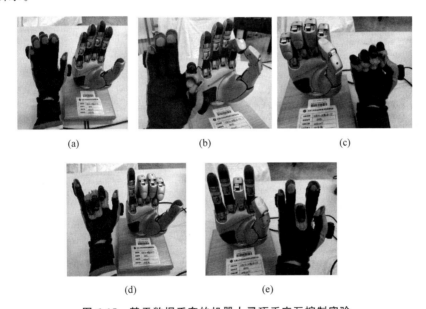

图 6-14　基于数据手套的机器人灵巧手交互控制软件

利用该交互控制软件实现人手对机器人灵巧手的直观交互控制,典型的动作对比如图 6-15 所示。

图 6-15　基于数据手套的机器人灵巧手交互控制实验
(a) 张开;(b) OK 动作;(c) 握拳;(d) 动作 4;(e) 动作 5

习　　题

6.1　介绍常见数据手套以及基本原理。

6.2　利用数据手套交互控制机器人灵巧手的基本流程是什么?

第 7 章

人机物理交互安全技术

7.1 人机物理交互概述

不论是在科学研究还是在实际应用中,机器人技术目前正在经历一个根本的范式转变,如图 7-1 所示。在过去的几十年里,传统的机器人控制方式主要是由位置控制的刚性机器人来执行典型的自动化任务,例如各种应用中的定位和路径跟踪。近年来,新一代机电一体化机器人出现在人们的视野中,包括软机器人、协作机器人等新概念。这一趋势使我们更接近在真实的家庭和专业环境中实现安全、无缝的人与机器人物理交互的长期目标。

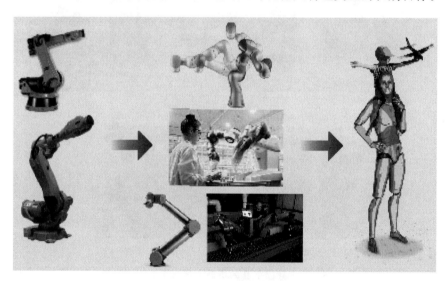

图 7-1　机器人发展趋势

机器人的人机交互分为认知人机交互(Cognitive Human-robot Interaction)和物理人机交互(Physical Human-robot Interaction)。认知人机交互将人、机器人及其联合动作视为一个认知系统,并寻求创建模型、算法和设计指南,以实现此类系统的设计。这一领域的核心研究内容包括开发能让机器人参与和人联合活动的表示和动作,深入了解人类对机器人行为的期望和认知反应,以及人与机器人交互的联合活动模型。认知人机交互的设计取决于要传输的信息类型,如图 7-2 所示,有用于控制机器人的单向接口、双向接口或闭环相互作用等。单向接口为当一个机器人指令发送后,操作者没有及时获得关于系统状态的信息接口。双向接口是当操作者发送机器人指令后,立即能够获得反馈。闭环交互可以增强用户的态势感知,提高效率,并以一种更自然的方式实现控制。传感器的作用是测量操作者相关的状态,而执行器必须将机器人的认知信息传递给用户,以补充与任务相关的用户感官信息。

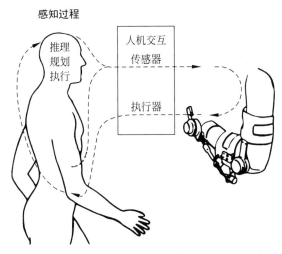

图 7-2　认知人机交互

　　物理人机交互关注的主要问题是安全性和可靠性,两者贯穿于人类环境下使用的机器人设计和控制所有阶段。虽然认知人机交互也与此相关,但"以人为中心"机器人应用领域越来越多,人与机器人已无法避免共享工作空间,当人与机器人的距离越来越近时,两者之间难免发生相互接触。当机器人本体与人类用户接触时(称之为物理性人机交互),最重要的是保证人类用户的安全,也就是说,机器人在任何情况下都不应该伤害人类。因此,最具革命性和挑战性的下一代机器人的特征应该是具有安全、可靠的物理性人机交互功能。

　　机器人如果能像个人计算机一样存在于人们日常生活的每一天,它必须保证非专业用户使用机器人或在机器人周围时是安全的。对于要近距离与机器人系统交互的情况,以往的安全概念(即不允许人进入机器人工作空间的原则)不再适用,而是没有具体的安全保障,机器人不允许工作在人类附近。图 7-3 列出与人类密切交互的新型物理交互机器人的潜在应用,其范围包括从工业服务领域的作业伙伴、助老助残辅助设备,到支持一般家庭活动的服务机器人。所有这些应用都有一个共同的要求,即在共享的工作空间中,人与机器人之间进行紧密、安全和可靠的物理交互。因此,这种机器人需要精心设计,以便于人类使用。

　　总之,机器人物理性人机交互的研究旨在保证人类和机器人本身安全。机器人与人发生碰撞是这类应用中造成伤害的主要来源,关于碰撞检测与碰撞的研究说明完全地避免碰撞很难做到,必须有其他安全保证策略。本章将从交互伤害分析、交互伤害评估、交互安全策略等方面回顾物理性人机交互领域的相关研究工作。

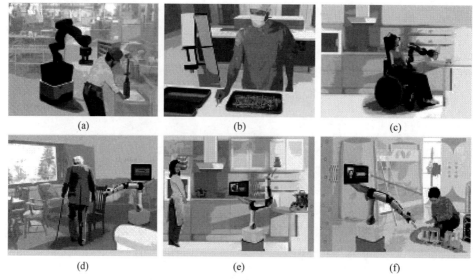

(a)   (b)   (c)

(d)   (e)   (f)

图 7-3   人机物理交互应用

7.2 人机物理交互伤害概述

　　为了更好地提高物理性人机交互的安全性能,有必要对交互过程中可能对人体造成的潜在伤害威胁进行总结,并对其机理进行分类,如图 7-4 所示。物理性人机交互过程中的接触基本可分为准静态载荷与动态载荷两大类,准静态又分为接近奇异和非奇异钳制情形。最后,还区分钝接触造成的伤害和尖锐表面造成的伤害。每类伤害主要考虑可能受伤(Possible Injuries,PI)、最坏情况因素(Worst-Case Factors,WCF)和最坏情况范围(Worst-Case Range,WCR)。WCF 是最坏情况下机器人的主要体现,如最大的关节力矩以及奇异点距离或机器人速度。最坏情况范围表示最大可能的伤害,由最坏情况因素决定。此外,对每一类伤害机制分类,还给出了伤害量度(Injury Measures,IM)。

　　图 7-4 总结了物理性人机交互接触可能造成的伤害。例如①代表奇异构型附近的钳制钝接触,这种情形即使是低惯量的机器人也会很危险,因此可能在机器人(部分)工作空间内形成严重的威胁,可能的伤害是骨折和继发性损伤。例如,如果躯干钳制但头部自由会引起骨结构穿透或颈部受伤,这意味着机器人将头进一步推开,而身体躯干仍在原位;另一种可能威胁是沿着局部钳制人的边缘剪切,适用的指标有接触力和压缩标准。③代表非奇异构型下的钳制钝冲击,潜在伤害由最大关节力矩 τ_{max} 定义,伤害范围可以从无伤害到严重伤害,对大惯量机器人来说甚至是死亡。由于机器人没有碰撞检测,只能简单地增加电机力矩来跟踪期望轨迹,机器人刚度对最坏情况没有什么贡献。因此,机器人刚度仅通过增加检测时间对检测机制有帮助,接触力和压缩标准能很好地预测发生的伤害。⑧代表经典的自由碰撞,其伤害机理研究在机器人研究领域展开最早,其过程取决于碰撞速度和机器人质量,并有饱和值。

　　受伤前评估目的是分析接触情况下的最坏情况,继而对每个特定的威胁采取合适的对策。①～⑤可以采取碰撞检测与反应策略。⑥对策是包裹软材材料、轻型化设计和快速有

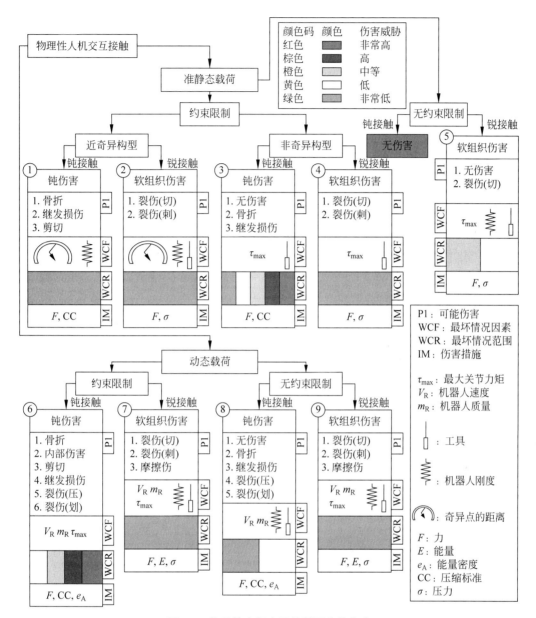

图 7-4 物理性人机交互接触可能的伤害

效的碰撞检测与反应策略。⑦是指一个人能想到的最危险的情形,并提出特殊对待方法。安全的机器人速度非常重要,这会给人足够的时间做出相应的反应。有效的碰撞检测和安全反应策略也适合情形⑨。

7.3　安全评价指标

通常采用危险指数来评价物理性人机交互中机器人的安全性。人体不同部位有不同的伤害危险指数,应该考虑危险伤害的人体部位通常是头、颈、胸、手臂以及软组织等,而且不同人体部位采用各自相应的伤害危险指数来评价物理性人机交互安全性能。

7.3.1 头部伤害指数

1. 头部伤害指数

在汽车碰撞试验中评估人体头部受伤的危险程度时,广泛采用假人模型分析头部伤害指数(Head Injury Criteria,HIC),其定义为

$$HIC = T\left[\frac{1}{T}\int_0^T a(\tau)d\tau\right]^{\frac{5}{2}} \leqslant 1000 \tag{7-1}$$

式中,a 为头部加速度,g;T 为碰撞冲击时间,s。

HIC 值大于 1000 被视为严重伤害。一般情况下,我们认为碰撞冲击在 36ms 内已经完成,因此只需计算 36ms 内的值。可见汽车碰撞试验中 HIC 只是对头部加速度积分进行计算;而在机器人物理性人机交互碰撞试验中,是利用机械臂直接撞击假人的头部前额,加速度的大小还与人头部的质量、机器人质量、碰撞速度以及碰撞方式(如自由碰撞、受限碰撞)等有直接关系。

因此,相关学者给出了与接触刚度、机器人质量、碰撞对象质量、碰撞速度等相关 HIC 经验数学模型,如式(7-2)所示,并建立单自由刚性机械臂与操作者之间碰撞的简化模型,如图 7-5 所示。

$$HIC = 2\left(\frac{2}{\pi}\right)^{3/2}\left(\frac{K_{cov}}{M_{oper}}\right)^{3/4}\left(\frac{M_{rob}}{M_{rob}+M_{oper}}\right)^{7/4}V^{5/2} \tag{7-2}$$

式中,M_{rob} 为机器人总有效质量,kg,反映机器人在碰撞时的转子惯量和连杆惯量;M_{oper} 为碰撞对象质量,kg;K_{cov} 为机械臂表面柔性覆盖刚度,N/m;V 为碰撞时的速度,m/s。

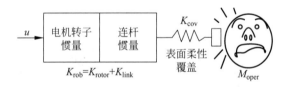

图 7-5　单自由度刚性机械臂与操作者间碰撞简化模型

针对自由碰撞下机器人质量和速度对 HIC 的影响进行研究,发现随着机器人质量的增加,HIC 趋于饱和,伤害程度主要取决于碰撞速度。还发现 HIC 试验值远低于安全标准,这是因为在物理性人机交互过程中,机器人能达到的最大碰撞速度为 2m/s,远低于汽车碰撞测试速度 10m/s。而在受限碰撞下即使是 1m/s 碰撞速度也可能产生更严重的伤害。因此,HIC 并不完全适合物理性人机交互中头部安全评估指数。

2. 加德严重指数

加德严重指数(Gadd Severity Index,GSI)也用来评价头部受伤的危险程度,其定义为

$$GSI = \int_0^t a(\tau)^{2.5}d\tau \leqslant 1000 \tag{7-3}$$

式中,a 为头部加速度,g;t 为整个碰撞持续时间,s。

GSI 值大于 1000 被视为严重伤害。GSI 和 HIC 在本质上是一样的,仅对人体头部加

速度进行积分计算。

7.3.2　颈部伤害指数

一般来说,人体颈部的损伤机制与作用于脊柱的力和弯曲力矩有关。欧洲新车安全评鉴协会(EuroNCAP)对颈部伤害相应的定义为与正向积累超标时间相关,如表 7-1 所示。而人体颈部相应的运动分类如图 7-6 所示。由此可见,人类颈部的伤害标准也是从汽车安全标准中借鉴的。

表 7-1　人类颈部高低性能极限指标

负　　　载	@0ms	@25～35ms	@45ms
剪切力 F_x, F_y/kN	1.9/3.1	1.2/1.5	1.1/1.1
张力 F_z/kN	2.7/3.3	2.73/2.9	1.1/1.1
弯矩 M_y/N·m	42/57	42/57	42/57

7.3.3　胸部伤害指数

用于胸部安全评价的危险指数通常有加速度标准(Acceleration Criterion, AC)、压缩标准(Compression Criterion, CC)和黏性标准(Viscous Criterion, VC)。从评估的尸体试验推断,单独加速度或力的标准本质上不能够预测胸部内伤的风险,而胸部内伤对人类生存的威胁远甚于骨骼肌肉损伤。这里主要介绍压缩标准和黏性标准。

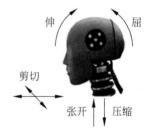

图 7-6　颈部运动分类

1. 压缩标准

相关学者在分析大量的钝性胸部撞击试验数据的基础上,得出胸部压缩标准如下:

$$CC = \| \Delta X_c \|_2 \leqslant 22mm \tag{7-4}$$

这是胸部损伤严重程度的优先表示,ΔX_c 是胸部变形。尤其是胸骨撞击引起胸部压缩,直至肋骨发生骨折。

2. 黏性标准

胸部黏性标准 VC 也被称为软组织标准。其定义如下:

$$VC = C_c \| \Delta \dot{X}_c \|_2 \frac{\| \Delta X_c \|_2}{L_c} \leqslant 0.5m/s \tag{7-5}$$

式(7-5)定义为压缩速度和标准化胸部变形的乘积。比例因子 C_c 和变形常数 L_c(实际上是初始的躯干厚度)取决于所用的假人。

以上危险伤害指数大多是从汽车碰撞试验中得来的人体安全保证的经验公式,缺乏生物力学理论分析研究。因此,应该从生物力学理论出发,结合有限元分析和多体动力学仿真结果、物理性人机交互试验数据,并以医学辅助检查确认实际伤害程度,最终获得符合实际人机物理交互安全评价标准——伤害指数。

7.4   物理性人机交互安全实现方法

共享机器人工作空间对人类(和机器人)没有任何伤害,一直是物理性人机交互领域的研究目标。通常通过机械设计、轨迹规划以及控制等手段来达到安全的物理性人机交互,可分为设计轻型机械臂、被动柔顺系统、柔顺关节以及被动机器人系统等。

7.4.1   设计实现物理性人机交互安全

1. 设计轻型机械臂

随着材料科学技术发展,现在一些机械臂采用铝合金、钛合金,甚至碳纤维材料。由于机械臂关节和连杆采用现代轻型材料,相对于重型结构,在发生碰撞时安全性能更好。然而,正是由于轻型化使它们无法在许多应用中取代经典串联机器人,如美国 Barrett 公司 WAM 机械臂、德国 DLR 轻型机械臂等。轻型机器臂优点是在发生碰撞时安全性能更好,缺点是由于轻型化使它们无法在许多应用中取代经典串联机器人。

Barrett 公司 WAM 机械臂是一种高度灵活、自然可反向驱动的机械臂,如图 7-7 所示。它利用在电机和关节之间的透明动态特性,是目前世界上唯一一个支持的直接驱动能力的机械臂,因此其接触力控制独立于机构力或扭矩传感器,鲁棒性强。WAM 机械臂具有仿人构型的 4 自由度和 7 自由度两种构型配置,完全伸展长度为 1m。其中,4 自由度臂自重 25kg,负载为 4kg;7 自由度臂自重 27kg,负载为 3kg。WAM 最大的创新之处在于它的关节内部采用了绳轮传动,由此带来了一系列巨大的优点:零回差——钢丝绳设计了双向预紧装置,完全消除了传动间隙;零摩擦——绳轮传动依靠钢丝绳的拉力传递动力,钢丝绳与滑轮之间的摩擦力几乎为零,所以关节可以实现反向驱动;高响应速度——钢丝绳可以长距离传递动力,设计人员利用这一点将电机与关节分离开,把电机设计在靠近基座或远离末端手爪的位置,并且尽量使电机靠近肩部回转轴线和基座的对称平面,以减小轻型臂的转动惯量,提高其响应速度;高传动效率——正常工作条件下,关节传动效率高达 98%,末端承受最大负载时,传动效率为 95%。高性能的直流无刷电机通过高效率的绳轮传动直接带动关节转动,所以可以通过电机电流来估算负载转矩,而不需要额外的力矩传感器。

图 7-7   Barrett 公司 WAM 机械臂

德国宇航中心(DLR)从 20 世纪 80 年代末开始研制轻型机器人臂(LWR),第一代机器人臂采用碳纤维材料做成,驱动器采用步进电机,减速器采用行星轮减速箱,总质量为 14.5kg,最大负载能力为 7kg,负荷自重在 1:3 到 1:2 之间;总长度为 1338mm,传动比达到 1:600,如图 7-8(a)所示。图 7-8(b)为第 2 代机器人臂,它的总长达 1m,共有 7 个自由度,机械臂自由度的布置方式为旋转-俯仰-侧摆-俯仰-旋转-俯仰-旋转。其关节采用机电一体化设计思想,将驱动、减速、制动检测部分集成在关节内部,整体结构紧凑。机械臂的最大负载能力为 8kg,自重只有 17kg,负荷自重比超过了 1:2。图 7-8(c)为 DLR 的第 3 代轻型臂,它具有 7 个自由度,有两种关节的构成方式,一种是对称式布置;另一种是非对称式布置,其中非对称式布置更有利于机械臂的折叠。腕关节采用球状结构使机械臂具有高的灵活性。第 3 代轻型臂的总质量为 13.5kg,其最大负载能力为 10kg。

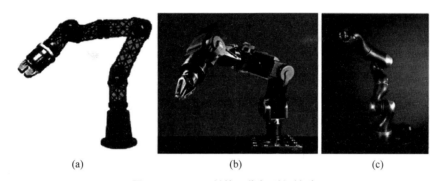

(a)　　　　　　　　　(b)　　　　　　　　　(c)

图 7-8　DLR 研制的 3 代轻型机械臂

2. 设计被动柔顺系统

软弹性材料包裹机器人、柔顺主干与被动移动基座、线缆驱动机器人如 SpiderBot(图 7-9)、Shadow 灵巧手(图 7-10)等,都是这一类型的典型代表。通过在机器人本体外面包裹软材料(图 7-11)来减小人机交互碰撞冲击力是有效对策,软材料可以增加碰撞接触面的弹性,降低接触刚度,因此也是提高物理性人机交互安全性的一个重要措施。但随着具有能量吸收功能、缓冲功能的触觉传感器的出现,单纯的包裹软材料除了具有价格优势以外,其他方面均不如具有缓冲功能的触觉传感器。一方面触觉传感器可以降低冲击力,另一方面触觉

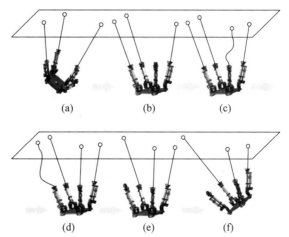

(a)　　　　　(b)　　　　　(c)

(d)　　　　　(e)　　　　　(f)

图 7-9　SpiderBot 机器人

传感器采集的信息可以用于交互控制。此外,虽然包裹软弹性材料能有效地减小碰撞冲击力,但并不能完全保障人的安全,因此还需要与其他安全策略配合使用。

图 7-10　Shadow 灵巧手

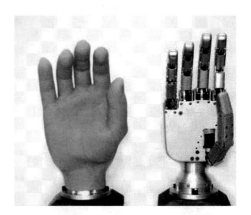

图 7-11　仿人残疾人假手

线缆驱动机器人通常被认为是安全的,因为它们不会由于高阻抗设计而产生大的冲击载荷。然而,由于线缆驱动机器人响应频率低,高性能控制这类系统很困难,甚至是不可能的。

3. 设计柔顺关节

为了实现物理性人机交互安全以及高性能运动控制,设计了各种新型的柔顺关节。其中包括可编程被动阻抗关节、机械阻抗调节器、关节力矩控制驱动、串联弹性驱动、变刚度驱动等。

与刚性关节机器人碰撞简化模型相比,柔性关节机器人中间增加了具有一定刚度 K_{transm} 和阻尼 B_{transm} 的传动系统,如图 7-12 所示。机器人的有效质量 m_{rob} 等于电机转子质量 m_{rotor} 和连杆质量 m_{link} 之和,即 $m_{rob} = m_{rotor} + m_{link}$,电机转子通过传动系统与连杆耦合。当机器人与人发生物理性人机交互碰撞时,由于传动系统的弹性(刚度 K_{transm})作用,降低了电机转子耦合到连杆端的惯量,即机器人碰撞的有效质量(惯量),从而降低了碰撞时的伤害程度。

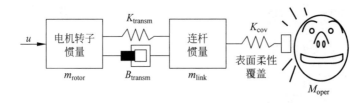

图 7-12　柔性关节机器人碰撞简化模型

通常电机转子折算到连杆端的等效惯量(与减速比的平方成正比)往往比连杆本身的惯量大得多,关节传动系统柔性(弹性)的存在,大大降低了电机转子耦合到连杆端的惯量,从而降低了物理性人机交互碰撞时的伤害。具有柔性关节机器人的等效质量与传动系统刚度之间的关系表示如下:

$$m_{\text{rob}} = m_{\text{link}} + \frac{K_{\text{transm}}}{K_{\text{transm}} + \gamma} m_{\text{rotor}} \tag{7-6}$$

式中,γ 为常量,当 $K_{\text{transm}} \rightarrow \infty$ 时,$m_{\text{rob}} \approx m_{\text{rotor}} + m_{\text{link}}$,和刚性机器人一样,没有缓冲作用。当 $K_{\text{transm}} \rightarrow 0$ 时,$m_{\text{rob}} \approx m_{\text{link}}$,即当传动系统刚度足够小时,电机转子耦合到连杆端的等效惯量可以忽略,碰撞时只有连杆的质量起作用。

分布式宏-微驱动关节设计如图 7-13 所示,即一个关节采用 2 个不同大小的电机并联驱动,大电机转子转动惯量大,用于启/制动等低速大扭矩输出,通过弹性传动与连杆相接;小电机转子转动惯量小,用于高速小扭矩输出,与连杆刚性连接,从而保证物理性人机交互过程中,低速和高速碰撞有效惯量都在可控范围之内,提高了人机交互的安全性。在实际运行过程中,机构需要在高低速之间进行切换。

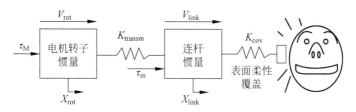

图 7-13　分布式宏-微驱动关节

变刚度驱动机器人实现交互力控制(图 7-14),即机器人每个关节连接 2 个电机,一个调节位置,另一个调节刚度,并利用奇异摄动的方法对机械臂进行控制,虽然奇异摄动能降低系统动力学的阶数,但该方法也是有局限性的,只有当关节刚度足够大时才能应用。

主动可变刚度弹性驱动关节如图 7-15 所示,通过改变钢板弹簧的有效长度来实现关节刚度的改变,并采用 HIC 指数对实验结果进行了评价,但由于受机构的约束,钢板弹簧的长度有限,因此刚度可调性限定在一定范围。

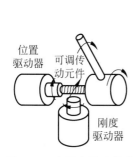

图 7-14　变刚度驱动关节

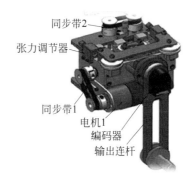

图 7-15　主动可变刚度弹性驱动关节

相对于传统机器人的刚性关节而言,柔顺关节增加了关节的柔性。柔顺关节早期主要应用于力/位混合控制、阻抗控制等方面,随着研究的深入,关节的柔性表现出两面性:一方面降低了整个系统的带宽;另一方面由于关节柔性的存在能有效降低物理性人机交互碰撞的冲击力,从而提高了机器人物理性人机交互安全。

从危险评价指数模型(7-2)可知,提高机器人物理性人机交互安全性能,可以通过在机器人表面覆盖软弹性材料、降低机器人有效碰撞质量(惯量)和降低机器人碰撞速度等方法来实现。在机器人表面覆盖软弹性材料降低碰撞表面刚度,这在被动柔顺系统中已讨论过。降低机器人碰撞速度被归入到通过控制和轨迹规划实现人机交互安全方法。降低机器人的有效碰撞质量(惯量)有两种方法,最直接的方法是采用轻型化设计的思想,这一方法归入轻型机械臂设计;另一种方法是采用柔顺关节设计,降低关节的传动刚度,提高关节的柔性,从而降低机器人碰撞时的有效质量(惯量)。

4. 设计被动机器人系统

对于安全物理性人机交互系统,一个非常重要的方法是开发被动机器人系统,典型实例包括 RT Walker(图 7-16)和 Cobot(图 7-17)。RT Walker 采用伺服刹车代替伺服电机,并且操纵后轮的相对刹车力避开障碍和其他危险情况。Cobot 本质上就是一种被动机器人,其目的是直接与人类操作者协同作业,主要贡献是将在软件中定义的虚拟环境带入真正有效载荷运动。采用无级变速实现虚拟表面,无级变速由 2 个驱动轮、2 个从动轮和 2 个变向轮组成。2 个驱动轮的速度通过变向轮角度耦合,无级变速的连接既可以采用串联形式也可以采用并联形式。值得注意的是,无论是在串联还是并联结构中,由无级变速传动施加的机械约束的数量降低 1 个自由度。无级变速的另一种分类是基于耦合速度的性质,平移无级变速约束 1 对线速度,而旋转无级变速约束的则是角速度。尽管 Cobot 属于被动机器人一类,它除了变向外并没有其他的驱动,采用单一的电驱动器 PowerCobot 驱动,其力量比人类用户小得多,这种力量的限制使得它们对于人类来说是安全的。被动机器人系统和被动柔顺系统一样,其缺点是系统性能受到极大限制。

轮
伺服刹车

图 7-16 RT Walker 机器人

图 7-17 Cobot 机器人

7.4.2 轨迹规划和控制实现物理性人机交互安全

已知被动环境下的机器人交互控制技术已经被攻克,主要包括两种主要的阻抗控制策略:静态补偿和动态补偿。前者包括的控制有刚度控制、力控制和并行力/位控制,后者包含经典的阻抗控制、带位置内环的阻抗控制、带速度内环的力控制、带位置内环的力控制和混合力/位控制等。

在人与机器人交互过程中,冲击力被认为是人类受伤害的主要原因,因此需要用降低冲击力的方法来增强物理性人机交互的安全保证。利用防护罩类似包裹软弹性材料是一种可能,但单独采用防护罩来吸收冲击力未必有效。同样的,通过设计技术来实现物理性人机交互的安全也受到柔顺性的限制；因此,通过轨迹规划和控制实现物理性人机交互安全十分重要。

1. 轨迹规划方法

通过轨迹规划实现物理性人机交互安全的主要方法有导航和碰撞避免。为了实现冗余多机械臂在非结构化环境和人类环境下的安全交互,相关学者采用慎思和反应控制方案,在反应控制中为了避免自碰撞的发生,采用"骨架算法"对机器人进行建模(图 7-18),实时计算交互点的排斥力用作碰撞避免力矩。虽然骨架建模方法很简单,但过于简单的建模将导致系统性能保守;另外,精确的建模可以改善性能,却很耗时。

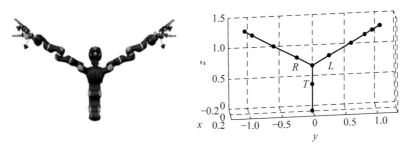

图 7-18　Justin 机器人骨架算法示意图

相关学者提出危险指数 DI(Danger Index)为距离、速度和惯量因子之积,当危险指数超过预定义的阈值时,就把危险指数作为实时轨迹规划的输入值,如图 7-19 所示。危险指数产生排斥力与虚拟潜在力相似,在危险的情况下移动机器人到安全的地方。人类被认为是一个障碍,需尽最大的努力来避免碰撞,如果无法避免则让机器人停止运动。

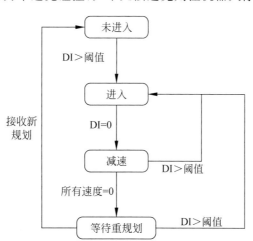

图 7-19　基于危险指数的轨迹规划算法示意图

2. 控制方法

通过控制实现物理性人机交互安全的思想是控制刚度/柔顺性来减小碰撞中的冲击力。在前面所述危险指数的限制下,一些学者对物理性人机交互的碰撞行为和安全反应策略进行了研究。相关学者在 DLR 第三代轻型机械臂上,利用安装在关节处的力矩传感器来检测笛卡儿接触力,一旦碰撞发生,机械臂作出相应的安全反应,如图 7-20 所示。该反应策略保证了一定的安全性,但只考虑了匀速时的碰撞行为,没有考虑加速时的情况,也没有考虑碰撞结束后任务的完成情况。

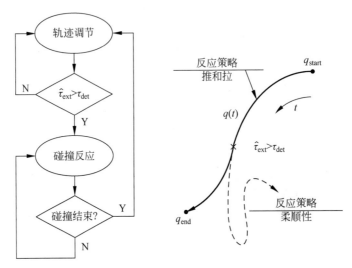

图 7-20   机械臂碰撞安全反应策略

有的学者提出了模块化的基于状态行为控制 LWR-Ⅲ 实现安全的人机交互,将机器人的行为定义为操作行为和反射行为,同时又将工作在人附近的机器人分为 4 个主要的功能模式,即自动任务执行模式、人友好模式、协作模式、故障和反射反应模式。虽然整个控制系统具有很好的模块化设计,但对系统的实时性要求很高,特别是反射行为。因此,单一的控制方法也无法解决物理性人机交互的安全问题,应与其他的安全策略结合,提高人机交互的安全性能。

7.5   物理性人机交互未来发展的方向

物理性人机交互的安全性包括合适的机械硬件、驱动器、软件、传感器和控制等失效管理。任何一个控制系统尽管具有鲁棒性,但不能保证无故障。因此,以人为中心的服务机器人多层次安全方案应该由控制系统和保护系统组成。控制系统由潜在危险函数计算、舒适程度以及安全人机交互控制运动算法组成。控制系统中的安全人机交互控制运动算法是指采用多种安全控制策略相结合来提高人机交互的安全性。此外,机器人交互分为物理性人机交互和认知性人机交互,但两者并不是独立的,在交互任务中,物理性交互能帮助认知评估环境设定规则,而认知可以通过设定合适的交互控制参数来改善物理性交互。如触觉可以用来理解环境的特性(软和硬),而基于认知的推理规则可以用于物理性人机交互时的柔顺控制。因此,将两者相结合来提高物理性人机交互安全性能是很有前景的研究方向。保护系统用来观测与机械硬件、驱动器、软件、传感器和控制器等相关的关键变量。当发生控制系统无法处理的异常行为时,保护系统必须采取控制,将系统移动到安全配置并安全关闭系统。然而,安全配置可能由于应用场合的不同而存在区别,需要进行详细分析后决定。设计这样的保护系统和选择关键的变量/参数是未来研究的一个方向。

可靠性范围广泛,如伺服系统的性能标准(如响应时间、稳定时间、过冲量和稳定性)、可靠性和可用性等。定义安全性、可靠性和可用性的概念很重要,要用更健全和定量的术语来评价机器人系统。操作系统和软件的可靠性是保证物理性人机交互系统安全性和可靠性的关键。

危险是一个与碰撞避免相关的有意义概念,在机器人工作空间监测人类、估计危险等方面非常重要。为了实现这一目的,人们提出了许多种技术,如视觉系统等。而关键传感器的安全可靠性必须通过多样性和冗余来增强,需要有更强、更专业的传感器用于危险检测。

人进入机器人系统工作空间时,环境是主动的也是部分未知的,对部分已知的主动环境,能获得的交互策略是原先基于已知被动环境,因而需要做相应的更新。这种情况下需要检测人类的意图,并对标称轨迹做相应的修改。另一种可能就是在环境中安装传感器,使得机器人周围的空间变得智能。有学者开发了一个用于检测人的意图和监测人活动的生动空间。通过在门/抽屉上的多种传感器、椅子上的微动开关、人身上的 ID 标签等检测人类的行为,传感器服务器用射频标签系统和局域网收集这些信息,同时采用学习系统了解人的意图(如学习、吃、休息等)。然而,大多的传感器需要很大的计算量和很长的处理时间,这与人机交互实时性相冲突。此外,丰富的传感器对机器人物理性人机交互安全性和可靠性是有益的,但并不是越多越好。所以,传感器优化是一个需要解决的问题。

除了安全性和可靠性,还需要引入其他的一些功能。这些功能包括机动性与操纵性的集成、多机器人间的协作技能、与人交互的能力、实时修改无碰撞轨迹的高效技术和高效的抓取技术等。为人类使用而开发的机器人,除了技术的要求,另一些重要的特征就是成本低、安装简单、易用。

习 题

7.1 简述物理性人机交互接触可能的伤害。

7.2 简述头部伤害指数。

7.3 简述实现物理性人机安全交互的方法。

第 8 章

基于手势视觉识别的机器人交互

8.1 概　　述

人的社交活动中,手是人与人交流的天然媒介,可提供更自然、更有创意和更直观的信息,人通常会发出手部指点以及摆手等行为,这些行为来源于交互双方的共性交互意图,因此交互双方能从手部动作中理解彼此所要表达的思想。如图 8-1 所示,与其他身体部位相比,手势动作也具有鲜明的主体特性,并且动作幅度及持续时间等都因人而异。手势交互存在针对手指、手部、物体及身体部位等关联动作。研究基于手势的人机交互,可以为人类提供更为细致贴切的服务。

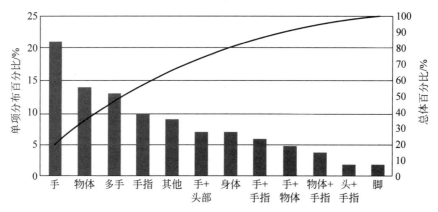

图 8-1　手势交互研究主要论文分布情况

当前,基于手势的人机交互重点仍然集中在前端手势识别问题上,手势识别作为机器人理解人体行为的方式之一,能在机器人和人之间搭建比文本用户界面,甚至 GUI(图形用户界面)更为丰富的沟通渠道,降低人们对常规输入设备(如鼠标、键盘甚至触摸屏)的依赖。目前,已经陆续出现通过识别手势实现人机交互的输入设备,这些设备能实时跟踪采集用户的手部动作,捕获手和前臂的运动信息,识别手势种类。这些设备通常采用基于视觉的手势识别技术,通过图像信息,让机器人获取人的手势姿态信息,对不同的手势信息进行分类。手势识别交互技术在听力缺陷人群辅助系统、手语识别系统、军事导航系统、远程医疗系统等应用领域有着潜在的应用价值。

8.2　手势感知

手势识别为跟踪人类手势的整个过程,继而表示和转换为有语义意义的命令。研究基于手势识别的人机交互技术目的是将人类手势作为输入,设计和开发识别系统,处理手势以进行机器人控制输出。建立一个手势识别系统主要包括两类人机交互设备。

8.2.1　接触式交互设备

接触式手势识别装置大多基于机械、触觉、超声波、惯性和磁性等相关原理,包括数据手套、加速度计、多点触摸屏及遥控器。本书第6章介绍的数据手套(图8-2)是一种多模式虚拟现实硬件,能够检测手指弯曲,利用磁定位传感器定位手在三维空间中的位置。此外,借助数据手套的触觉反馈功能,用户能够用双手亲自"触碰"虚拟世界,用于机器人交互中感受遥远的被操作对象情况,从而营造出更为逼真的使用环境,让用户真实感触到物体的移动和反应。

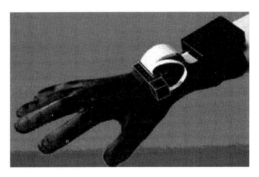

图 8-2　数据手套

8.2.2　视觉设备

基于视觉的设备依靠一个或多个摄像头拍摄的视频序列,解释和分析手部的运动姿态等空间信息及手势动作等。

1. 被动视觉

使用标记点检测人的手势动作,标记点可采用被动反光标记或按顺序闪烁的主动 LED 灯等。交互系统的摄像头采集标记,执行预处理步骤及特征提取,计算标识点的 3D 空间位置,从而换算出各个手指关节以及手掌的空间姿态位置,图 8-3 所示。

2. 主动视觉

体感控制器 Leap Motion 是一种检测和跟踪手掌、手指以及手指操作的主动视觉设备,该设备主动发射一系列离散的红外光斑到被探测的手部,光斑进一步反射到接收相机上,通过三角学计算手部上的光斑位置,并进一步分析手部光斑分布从而进行手指和手掌的识别,该设备具有较高的识别率和跟踪帧率,如图 8-4 所示。

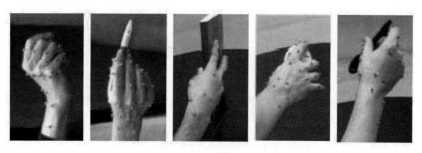

图 8-3　基于标志点的手势视觉识别

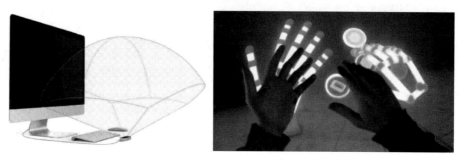

图 8-4　Leap Motion 手部感应传感器

8.3　手势表述

8.3.1　手势定义

手势是一种非语言的交流形式,通过可见的手部动作形成交流的重要信息,描述交互过程中借由手势来体现的交互者意图及心理状态。手势是文化特有的,在不同社会或文化环境中会传达不同含义。虽然有些手势,例如表示指向行为手势的地域差别不大,但大多数手势并没有统一含义,在特定文化中具有特定意义,如图 8-5 所示。

图 8-5　手势动作

8.3.2　手势分类

根据手势运动状态区分,手势可以分为动态手势和静态手势两类,如图 8-6 所示。根据交互过程中要表达的意义,手势可以分为有意手势和无意手势。有意手势表示具有一定交互信息的手部动作；无意手势则无明确交互信息。有意手势又细分为操作手势和交流手势，操作手势主要用来操控任务，通过预定义手势给予机器人特定的任务指令。交流手势是人在言语时所伴随的手势动作，包含动作手势和标记手势。

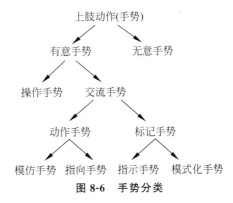

图 8-6　手势分类

8.3.3　手势表达

如图 8-7 所示，手势表达包括几何模型、图像外观以及混合模型等描述。这些手势模型具有不同表达层次和结构形式，与描述手部几何细节密切相关，例如针对几何模型，三维骨骼和骨架模型主要描述了空间骨骼节点的分布特性及影响程度，这种三维模型特别适合应用于基于空间位置的手部跟踪匹配问题，能够更新模型参数；而三维纹理体模型是一种混合模型，包含人体骨骼非常详细的信息，包括皮肤表面信息，要比单纯骨骼模型的信息要丰富。除此之外，在 2D 层面存在一种活动轮廓模型，用来描述手掌及手指轮廓，这种模型通常应用在手部图像的剪影轮廓分析上，而剪影模型则是外观手势描述中的一个特定模型（黑白）之一，外观手势通常基于 2D 图像来描述诸如肤色等不同颜色空间的手势表述，可以用于区分不同肤色人种的手势识别。

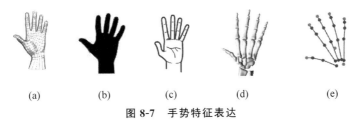

(a)　　　(b)　　　(c)　　　(d)　　　(e)

图 8-7　手势特征表达

（a）三维纹理体模型；（b）图像剪影模型；（c）轮廓模型；（d）三维骨骼模型；（e）三维骨架模型

8.4　手势数据集

手势识别方法作为当前人机交互研究的热点之一，存在很多技术手段。因此，衡量识别手势技术的标准之一就是建立标准的手势数据集，这可以覆盖不同应用背景的手势数据，能够对同类问题的手势识别技术性能进行性能评价。表 8-1 列出了可在互联网上获得的用于手势识别的数据集，包括了数据集对应的样本数量和相关属性等详细信息。

表 8-1　手势公共数据集

序号	数据集名称	资源链接	类别数	主体数	样本数	动静态
1	MSRC-12 Kinect	http://research.microsoft.com/enus/um/cambridge/projects/msrc12/	12	30	6244	D
2	ChaLearn multi-modal	http://sunai.uoc.edu/chalearn/	20	27	13858	D
3	NUS hand posture dataset-II	http://www.ece.nus.edu.sg/stfpage/elepv/NUS-HandSet/	10	40	2750	S
4	6D motion gesture database	http://www.ece.gatech.edu/6DMG/6DMG.html	20	28	5600	D
5	Sebastien Marcel interact play database	http://www.idiap.ch/resource/interactplay	16	22	50	D
6	NATOPS aircraft handling signals	http://groups.csail.mit.edu/mug/natops/	24	20	9600	S,D
7	Gesture dataset by Shen	http://users.eecs.northwestern.edu/~xsh835/GestureDataset.zip	10	15	1050	S,D
8	Yoon	Available on e-mail request to yoonhs@etri.re.kr	48	20	9600	D
9	ChAirGest	https://project.eia-fr.ch/chairgest/Pages/Download.aspx	10	10	1200	D
10	Sheffield Kinect	http://lshao.staff.shef.ac.uk/data/SheffieldKinectGesture.htm	10	6	2160	D
11	Keck	http://www.umiacs.umd.edu/~zhuolin/Keckgesturedataset.html	14	3	126/168	D
12	NUS	http://www.ece.nus.edu.sg/stfpage/elepv/NUS-HandSet/	10	1	240	S
13	Cambridge	http://www.iis.ee.ic.ac.uk/~tkkim/ges_db.htm	9	2	900	S,D
14	Ren	http://eeeweba.ntu.edu.sg/computervision/people/home/renzhou/HandGesture.htm	10	10	1000	S
15	ColorTip	https://imatge.upc.edu/web/res/colortip	7	9	7	S
16	HGds	http://www-vpu.eps.uam.es/DS/HGds/	12	11	1	S
17	ASL Finger Spelling	http://personal.ee.surrey.ac.uk/Personal/N.Pugeault/index.php?section=FingerSpellingDataset	24	9	65000	S

注：D 表示动态；S 表示静态。

8.5　手势图像特征

本节阐述手势特征描述的两种图像特征。

（1）基于颜色空间的图像特征。本节面向黄色人种的手部，在较理想情况下肤色统计分布相对稳定，在第 2 章所述颜色空间基础上，进行 RGB 颜色空间到 HSV 颜色空间的转换，分割出手势的图像区域。

（2）基于 Gabor 小波的纹理特征。Gabor 小波是小波分析中的一种函数形式，可用于手势图像的边缘特征提取，Gabor 小波的频率提供了良好的方向和尺度特性，对于光照变化不敏感，因此适用于复杂场景的手势特征分析。

8.5.1　手势颜色特征

基于单目视觉对静态手势进行描述，由于手势多种多样，如图 8-8 所示，选取常见的手形作为静态手势。这些手形的主要区别在于左右手和手指数量不同。

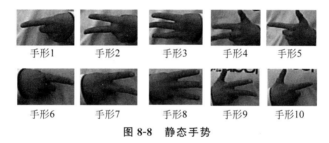

手形1　　手形2　　手形3　　手形4　　手形5

手形6　　手形7　　手形8　　手形9　　手形10

图 8-8　静态手势

针对图 8-8 中存在的手形图像，在一般光照环境下，肤色在 HSV 颜色空间有着较好的聚类特性，将红绿蓝 RGB 图像转换到 HSV 颜色空间，进行手形图像的颜色建模。设（R，G，B）分别是手势 RGB 图像空间红色、绿色及蓝色空间坐标，值在 0 和 1 之间。设（R，G，B）的极大值为 $\mathrm{Max}(R,G,B)$，极小值为 $\mathrm{Min}(R,G,B)$，则 RGB 图像像素到 HSV 颜色空间中三个分量（H，S，V）的变换公式为

$$H = \begin{cases} 0° & \mathrm{Max} = \mathrm{Min} \\ 60° \times \dfrac{G-B}{\mathrm{Max}-\mathrm{Min}} + 0°, & \mathrm{Max} = R,\ G \geqslant B \\ 60° \times \dfrac{G-B}{\mathrm{Max}-\mathrm{Min}} + 360°, & \mathrm{Max} = R,\ G < B \\ 60° \times \dfrac{B-R}{\mathrm{Max}-\mathrm{Min}} + 120°, & \mathrm{Max} = G \\ 60° \times \dfrac{R-G}{\mathrm{Max}-\mathrm{Min}} + 240°, & \mathrm{Max} = B \end{cases}$$

$$S = \begin{cases} 0, & \mathrm{Max} = 0 \\ \dfrac{\mathrm{Max}-\mathrm{Min}}{\mathrm{Max}} = 1 - \dfrac{\mathrm{Min}}{\mathrm{Max}}, & 其他 \end{cases}$$

$$V = \mathrm{Max}$$

(8-1)

图 8-9(a)所示为手的 RGB 原始图像,对此利用手的 HSV 颜色模型中色调 H 成分作为判断依据进一步分割原始图像获得如图 8-9(b)所示的 HSV 分割后图像,并对图像进行二值化处理,此时设定肤色阈值 $H \in [30,45]$,$S \in [35,200]$,$V \in [20,255]$,则能够保留大部分肤色像素。如果采用手形轮廓模型描述手势特征,则在此基础上进一步对 HSV 分割后的图像进行边界轮廓提取,得到手部外形轮廓特征如图 8-9(c)所示。

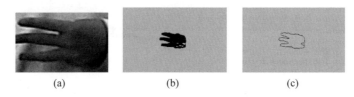

(a)   (b)   (c)

图 8-9　基于 HSV 的手形建模分割及轮廓提取

(a) RGB 图像;(b) HSV 分割图像;(c) 轮廓图像

8.5.2　手势小波特征

小波(Wavelet)是具有衰减性的正交波函数,能够对信号时频信息进行多尺度分析,使得高频处时间上细分,低频处频率上细分,从而自适应时频信号分析的要求。早期研究人员普遍将图像在不同尺度下分解来进行结果分析。1986 年,Meyer 规范正交基的提出,使得图像可基于正交小波基的多尺度特性进行展开,从而可获得图像不同分辨率下的多尺度特征。采用小波分析中的 Gabor 小波函数进行手部特征的提取,Gabor 小波与人眼工作原理类似,对图像边缘敏感且纹理分析能力强,同时保持了良好时频多分辨率及变焦能力。

式(8-2)为窗函数,是高斯函数的 Gabor 小波函数:

$$\Psi_{\mu,\nu}(I) = \frac{\|k_{\mu,\nu}\|^2}{\sigma^2} e^{\left(-\frac{\|k_{\mu,\nu}\|^2 \|I\|^2}{2\sigma^2}\right)} \left[e^{ik_{\mu,\nu}I} - e^{-\sigma^2/2}\right] \tag{8-2}$$

式中,μ 和 ν 分别为 Gabor 函数的方向与尺度参数,$\| \cdot \|$ 表示范数运算,波向量 $k_{\mu,\nu} = k_\nu e^{i\phi_\mu}$,$k_\nu = k_{max}/\lambda^\nu$,$\phi_\mu = \mu\pi/n$,$\mu = 0,1,\cdots,n$ 是 n 个方向参数,λ 是小波和频域间的尺度因子,σ 是与小波频率带宽有关的常数。核函数实质上为一个由高斯包络对平面波行调制而成的复函数,如图 8-10 所示为 Gabor 小波的部分核函数的实部效果,可以看出不同尺度和方向频率所形成的小波函数。

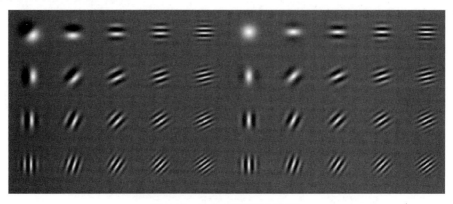

图 8-10　Gabor 核函数示意图

图 8-11 最左图为 20×20 像素的手部区域标准图像,图 8-11 右侧的三列图像分别对应于该手形图像的三种 Gabor 频率响应图像。

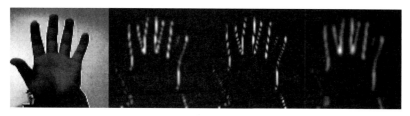

图 8-11　基于 Gabor 小波的手势特征

8.6　手势视觉识别

图 8-12 所示为一个手势识别的基本流程,该流程主要包括三个阶段:检测、跟踪和识别,从而形成对手势的连续闭环分析。

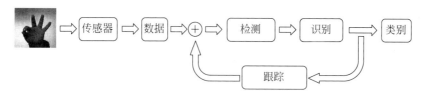

图 8-12　手势识别流程

检测:手检测目的是在图像中分离出典型的手部特征,主要是对手部信号进行放大、提取及变换,从而满足后继任务的数据处理要求。许多方法利用手部图像的皮肤颜色、形状、运动和手的模型等视觉特征。如果检测方法足够快,则也可以用于跟踪。然而,追踪人手的困难在于手部可能移动非常快,外观在几帧内会发生巨大变化。

跟踪:描述手部区域或特征的图像帧到图像帧之间的对应关系。首先,它提供了手/手指外观的帧间关系,形成即时的手部特征轨迹。这些轨迹传达了有关手势和可以以原始形式使用或之后进一步分析(例如识别某种手势数据)。跟踪还提供了手部运动模型的参数变量估计方法,从而克服某一时刻特征丢失对手势识别的影响。

识别:解释手的位置、姿势或手势所传达的语义,分为静态和动态手势的识别。①静态手势识别可基于通用分类器或模板匹配,采用线性学习或者非线性学习方法;②动态手势则需要考虑时间序列问题,存在隐马尔可夫等模型进行处理时间维度动态手势分析。

8.6.1　静态手势识别

本节介绍小样本分类器——支持向量机(Support Vector Machine,SVM)对静态手势进行识别的基本原理。支持向量机是由 Vapnik 最早提出的一种基于统计学习理论的分类方法,与传统的学习方法不同,支持向量机是结构风险最小化方法的近似实现。通过非线性映射将输入向量映射到一个高维特征空间,在这个空间中构造最优分类超平面,使正例和反例样本之间的分离界限达到最大。支持向量是那些离决策平面最近的特征向量,它们决定了最优分类超平面的位置。

如图 8-13(a)所示,实心点和空心点分别代表两类样本,假设 H 为分类线,H_1、H_2 分别为各类中离分类线最近的样本且平行于分类线的直线,H_1 和 H_2 的距离为分类间隔。最优分类线要求不但能将两类正确分开,而且使分类间隔最大。对于非线性分类,如图 8-13(b)所示,通过非线性变换或核函数 $K(X_i, X_j)$ 将训练样本数据转化为某个高维空间中的线性问题,从而在这个高维空间中求取最优分类面。不同的核函数可生成不同的支持向量机,从而实现对分类性能的有效控制。常用的核函数有以下 4 种:线性核函数、多项式核函数、RBF 径向基核函数、Sigmoid 核函数。

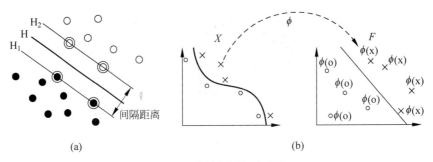

图 8-13   支持向量机决策面
(a) 最优分类面;(b) 高维空间的最优分界面

如图 8-14 所示,针对手部的特征提取及构建样本:

(1) 手部提取,提取图 8-14(a)所在列中的 5 种手势的手部区域,实时提取手部区域,采用级联分类器适应 5 种不同的手势、光线以及手部角度变化影响。

(2) 图像压缩,如图 8-14(b)所在列,即将分割出来的手部区域统一压缩至 20×20 像素尺度的标准图像,这些图像形成图 8-14(d)所示的手部样本集,用于训练分类器。

(3) 特征提取,提取手部标准图像的 12 个 Gabor 特征,使用 3 个高频尺度及 4 个方向,如图 8-14(c)三列图像分别对应 5 种手形的 3 种 Gabor 频率响应情况,将每幅滤波后图像构造一个 1×400 维向量。

(4) 12 个 1×400 维的特征向量顺序串联构成了该手部图像的特征向量(1×4800 维)作为 SVM 训练及测试样本数据。基于 LibSVM 工具包,选用一对一策略解决手形多类分类问题,构造 $5 \times (5-1)/2 = 10$ 个子 SVM 分类器。采用 RBF 核函数,基于一对一分类方法训练得到 SVM 分类器的交叉验证精度为 98.76%,惩罚参数 $C = 10$,核函数参数 $\gamma = 0.02$。

8.6.2   动态手势识别

动态手势特征的难点在于手势图像存在一定模糊性和形状的时空可变性。如图 8-15 所示为针对动态手势跟踪识别的基本流程图,采用级联分类器提取手部区域,继而采用卡尔曼(Kalman)滤波方法来跟踪图像中手部特征,成功跟踪的手部图像经过计算运动速度方向,然后输入到离散隐马尔可夫模型(HMM)来识别手部动作序列的类别。

(a)　　　　　(b)　　　　　　　(c)

(d)

图 8-14　手部区域提取及 Gabor 小波处理

（a）手部区域提取；（b）图像压缩；（c）Gabor 特征；（d）手部样本

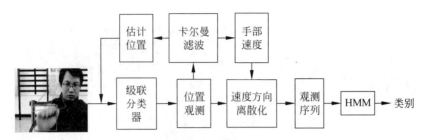

图 8-15 基于 HMM 的手部运动跟踪及识别

采用卡尔曼滤波估计手部图像区域重心位置及速度。其中,通过级联分类器得到手部区域作为线性卡尔曼滤波器的观测值,作为卡尔曼滤波的新息更新手部区域在图像中的位置,卡尔曼滤波器跟踪级联分类器提取出来的外框位置,估计手部区域大小及相应的运动速度。图 8-16 所示为基于卡尔曼滤波的手部跟踪效果,其中线框代表实际提取的手部区域,曲线代表卡尔曼滤波器跟踪手部运动的轨迹估计曲线,在跟踪过程中,尽管存在手部图像模糊等情况,但跟踪算法依然能提取目标。

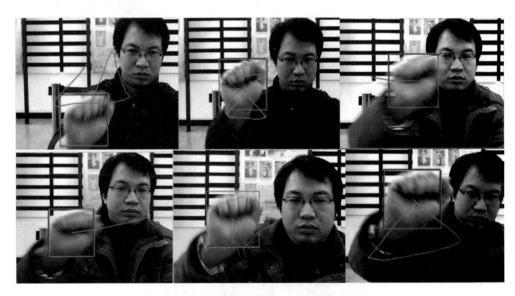

图 8-16 实时手部跟踪及轨迹生成

由于采用离散 HMM,需要通过手部运动方向向量进行离散化为定向编码。如图 8-17 所示,速度方向被离散化为 8 个区间,输入速度投影到其隶属的区间内,从而得到对应的一维定向码。

运动特征序列由一组离散运动的方向向量编码构成,这些编码特征输入到如图 8-18 所示的左右形式 HMM,基于 Vertibi 算法确定最有可能的状态序列概率,其中输出概率最大的模型作为运动序列的类别。模型训练采用 Baum-Welch 算法。

用三个参数 $\lambda = (A, B, \pi)$ 的形式表示 HMM:设系统具有 N 个离散状态 $\{s_1, s_2, s_3, \cdots, s_N\}$ 集合,在 t 时刻的状态用随机变量 q_t 表示;系统可能具有的离散观测信号集为

$\{v_1,v_2,v_3,\cdots,v_M\}$，$t$ 时刻的观测量用随机变量 O_t 表示；$A=\{a_{ij}\}$ 为 $N\times N$ 维的状态转移概率矩阵，其中 a_{ij} 表示产生从状态 s_i 转移到 s_j 的概率，即 $a_{ij}=P(q_{t+1}=s_j\,|\,q_t=s_i)$；$B=\{b_j(k)\}$ 为 $N\times M$ 维的观测信号概率矩阵，其中 $b_j(k)$ 表示在 t 时刻状态为 s_j 时输出 v_k 的概率，即 $b_j(k)=P(O_t=v_k\,|\,q_t=s_j)$；$\boldsymbol{\pi}=\{\pi_i\}$ 为初始状态分布，其中 π_i 为状态 s_i 在初始状态的概率 $\pi_i=P(q_1=s_i)$。

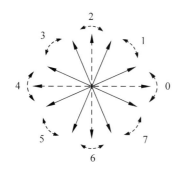

图 8-17　速度向量量化方向

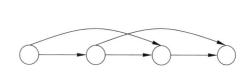

图 8-18　离散隐马尔可夫模型

A，B 和 $\boldsymbol{\pi}$ 满足约束：

$$\sum_j a_{ij}=1,a_{ij}\geqslant 0$$
$$\sum_k b_j(k)=1,b_j(k)\geqslant 0$$
$$\sum_i \pi_i=1,\pi\geqslant 0$$

如图 8-19 所示，我们为每一种手形运动定义 8 种手部运动轨迹，机器人利用 HMM 识别这些手势运动所代表的类别，产生相应的机器人控制指令，并进一步转化为诸如机器人作业臂动作或语音输出等响应行为。

图 8-19　手部动作序列模板

针对上述 8 种手部动作，定义 8 个具有 3 状态和 8 个观测特征的 HMM，则参数 $\boldsymbol{\lambda}=(A,B,\boldsymbol{\pi})$，其中，$A\in\Re^{3\times 3}$，$B\in\Re^{3\times 8}$，$\boldsymbol{\lambda}\in\Re^{3\times 1}$。对于该 HMM 模型，利用采集的相应运动速度方向符号序列作为训练样本，采用 Baum-Welch 算法训练每一个 HMM 分类器参数。

8.7　基于手势的机器人交互实例

面向智能服务机器人手势交互研究是机器人研究的重要组成部分，研制智能服务机器人实验平台如图 8-20 所示，机器人通过单目视觉识别分析人的手势，基于 Kinect 识别人的动作信息,通过手势动作的在线识别,生成自身的运动控制指令,自主调整接近交互主体对象。

图 8-20　基于视觉的手势交互控制

人机交互软件系统基于 Windows XP 操作系统开发,机器人交互系统基于多方式人机交互机制,结构上采用分层串并联混合结构设计,如图 8-21 所示,交互系统的逻辑结构主体分为三层串联方式:输入层、处理层和输出层。

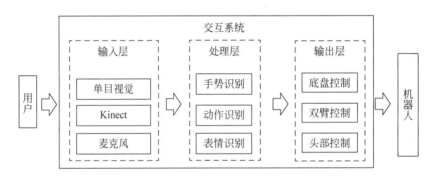

图 8-21　机器人交互系统

（1）输入层,主要是机器人通过该层获取交互对象和环境的实施信息,包含图像、距离、麦克风等硬件传感设备,这些信息传递给交互层进行处理。

（2）处理层,主要针对上述传感器,进行相应的图像处理技术,实现手势识别、肢体动作识别及表情识别等任务,通过多线程并行的方式执行。

（3）输出层,从处理层得到识别任务的结果,形成机器人交互指令,通过机器人平台执行人机交互任务。任务执行都为并发线程处理,多项作业任务同时生成时进行并行处理,提高交互任务的执行效率和实时性。

基于图 8-21 的机器人交互系统,采用单目视觉传感器采集人的手势动作图像视频序列,部分手势动作序列经过 HMM 识别产生的机器人指令,系统根据表 8-2 所示的指令映射表,解析当前的手部动作处于哪些指令,控制机器人执行相应的动作。

表 8-2　手势识别机器人指令映射表

手 势 种 类	手 势 轨 迹	指 令 代 码	指 令 描 述
		1	机器人向左转动
		2	机器人向右转动
		3	机器人头部向右转头
		4	机器人头部向左转动
		5	机器人停止
		6	机器人举起手臂
		7	机器人摆动手臂
		8	机器人落下手臂
		9	机器人手爪关闭
		10	机器人手爪打开
		11	机器人跳舞

由于在手形分析时不可避免地存在分类错误,因此需要统计每一个手形动作的 SVM 分类器的输出统计值,取动作过程中具有最大计数值的手形分类作为当前正在观测的手形。

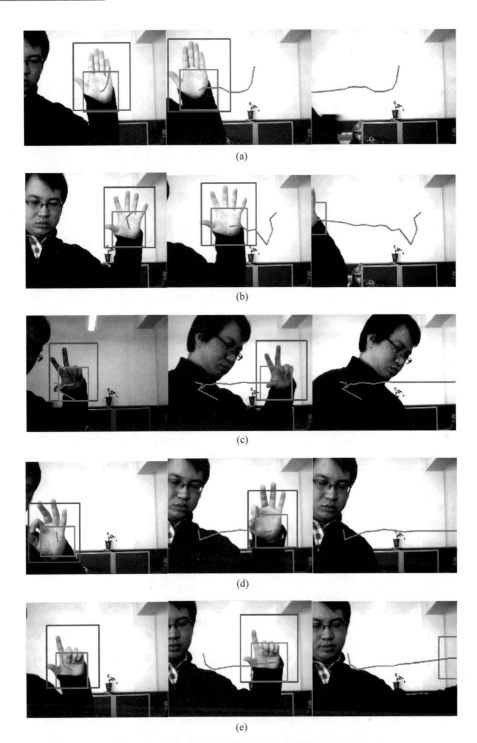

图 8-22 手势运动跟踪及分析识别机器人控制指令

（a）机器人向左转动；（b）机器人头部向左转动；（c）机器人停止；（d）机器人头部向右转头；（e）机器人向右转动

习　　题

8.1　手势的定义、分类及表述形式是什么？

8.2　RGB 图像到 HSV 图像如何变换？

8.3　了解支持向量机 SVM 的相关原理，并在开源数据库上进行分类测试。

第 9 章

基于肢体动作识别的机器人交互

9.1 概　　述

研究基于人体动作的人机交互可以让机器人像人一样识别人体动作的含义,从而使人与机器人间的交互更加自然便捷。人体动作是一个复杂问题,如图 9-1 所示,根据人体运动的复杂程度将人体动作分为 4 个等级。

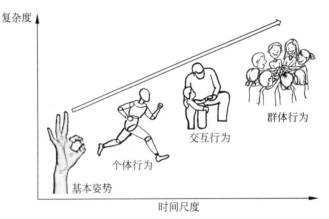

图 9-1　人体动作等级

(1) 基本姿势(Gesture):指人体各部位的动作,是描述人体动作的基本单元,如"挥手""伸展手臂"等。

(2) 个体行为(Action):指单个人的活动,通常由多个基本动作组合而成,如"跑步""跳跃"等。

(3) 交互行为(Interaction):指人与人或人与物之间的互动,如"两人交谈"等。

(4) 群体行为(Group Activity):指多人进行的群体性动作,如"一群人在抗议""一群士兵在前进"等。

一般而言,动作识别旨在识别来自视频序列的一个或多个人的动作或行为,一个动作通常表现在一段连续的视频帧中,而不是孤立图像。动作识别主要有两个核心内容:动作表述和动作识别。人体动作是典型的三维时空信号,运动信息的时空表示至关重要,直接影响识别的准确率和鲁棒性。通常情况下,我们能获得的是由动作产生的若干时间序列数据,以及相匹配的动作类别标签,并且希望用一种算法在给定样本输入情况下,而不是手动编写代码的方式,输出样本的类别。这一过程可以被看成机器对数据的学习分析过程,即机器学习。采用机器学习技术是当前规模数据分析的主要手段,其原因是很难用一般的统计模式识别方法或低维结构分析技术构建肢体动作复杂时变数据模型。动作识别在视频监控、视频检索、游戏娱乐、人与机器人交互以及自动驾驶领域都存在潜在应用价值。

9.2　动　作　表　述

动作表述是动作识别过程中最为重要的步骤,依照所采用特征来源,可以将动作表示方法大致分为三类:基于人体结构的表示方法、全局表示方法和局部特征表示方法。

9.2.1　人体结构表示

早期的动作识别方法采用三维模型来描述动作,如图 9-2(a)所示的 Walker 模型用于表述人类行为,图 9-2(b)则扩展了 Walker 框架,建立 Walker 增强模型识别行人。

从图 9-2 看出,Walker 的思想是将人体看成多个身体部位通过关节连接构成,基于人体结构的表示方法主要利用人体关键部位或关节的二维或三维的位置信息来对人所做的运动进行估计,早期的实验方法是在志愿者身体的主要部位上放置可记录的发光点,随后志愿者被置于完全黑暗的环境下活动,仅记录发光点的运动变化信息,被测试者通过观察发光点推测志愿者的运动,如图 9-3(a)所示,通过观察发光点运动轨迹分辨出志愿者动作,而且 10~13 个适当设置的发光点已足够分辨出走路、跑步及跳舞等常见动作,如图 9-3(b)为人体部位节点在所有图像中形成的轨迹。

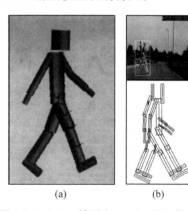

(a) 　　　　 (b)

图 9-2　Walker 模型和 Walker 增强模型

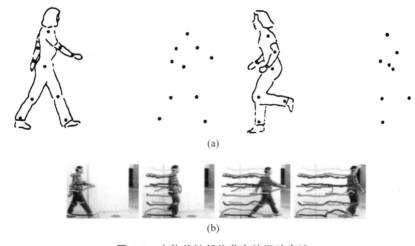

(a)

(b)

图 9-3　人体关键部位节点的运动表述

(a) 关键部位人体结构表述;(b) 关节点跟踪轨迹

9.2.2 Kinect 传感器

人体部位或关节点的获取和定位是建立在精准的人体检测分割与跟踪基础之上的,对于复杂真实场景,该问题难以解决。近年来,微软推出了 Kinect 传感器,集成 RGB 相机、红外相机和红外发射器。Kinect 采用双向测距飞行时间(Time of Flight,ToF)技术,利用红外信号在接收机之间传播往返时间来计算物体距离。与传统结构光技术不同的是其采用了光编码(Light Coding)技术,它通过红外光源照明给测量空间进行编码,光源发出的激光照射到粗糙物体表面形成随机衍射斑点,即激光散斑。激光散斑任意分布在测量空间中,其图案形状受空间距离大小影响而互不相同,因此通过红外接收器接收从物体表面反射回的散斑,将其与标定的参照散斑图案类比,即可获得对应点的深度距离。Kinect 能够通过深度图来估计人体姿态并获取人体部位或骨架结构,最多识别 6 人,包含 25 个关节点,如图 9-4 所示。

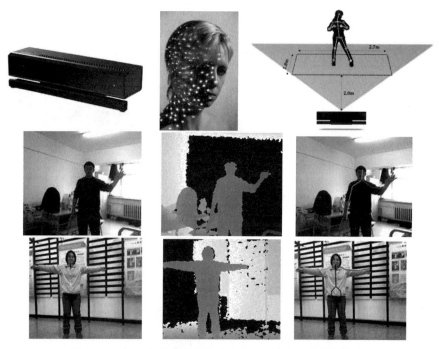

图 9-4　Kinect 传感器及采集形成的深度图和人体骨骼节点

9.2.3 图像全局表示方法

肢体动作的图像全局表示方法是使用整个人体外观及运动信息表征动作,如侧影、轮廓、光流、时空体等方法。全局表示方法仅需要对人体外观及运动数据建模,而不用对人体关节部位进行检测和跟踪,相对来说更加容易实现。

运动能量图(Motion Energy Image,MEI)是通过单个图像对运动相关信息进行编码的二进制图像,能够描述图像的运动能量分布情况:

$$E_\tau(x,y,t) = \bigcup_{i=0}^{\tau} D(x,y,t-i) \tag{9-1}$$

式中,$D(x,y,t)$ 表示目标像素二值图像;$E_\tau(x,y,t)$ 表示 t 时刻形成的 MEI,τ 代表持续时间。

运动历史图(Motion History Image,MHI)通过对 MEI 的运动区域依据时间轴加权得到,动作发生越早加权越小(即,越高的亮度对应于越近的运动),MHI 描述了运动的时序特性,图 9-5 所示为运动视频序列及其相应的运动能量图和运动历史图。

图 9-5　视频序列(第一行)的运动能量图(第二行)和运动历史图(第三行)

每个视频序列都可以转换为 MEI 模板和 MHI 模板,MEI 模板可以突出展现视频中的突出动作,而 MHI 模板则表达了视频中的运动经过,最后通过模板匹配的方法进行动作识别。MEI 模板和 MHI 模板对视频中的颜色、纹理、对比度和亮度等具有较强的鲁棒性,但对背景变化不敏感,不适用于视角变化的视频。MHI 模板的梯度多用于过滤移动和混乱的背景。

9.2.4　局部表示方法

局部表示方法只关注视频中的时空兴趣点,而不是全局的信息。该类方法将动作以局部块的方法表示,最终使用局部块的统计信息作为人体动作的特征。局部表示方法对遮挡、视角变化具有较强的鲁棒性。就图像而言,动作识别的局部表述为局部兴趣点检测。对于视频中人体动作行为的特征化,首先应检测出视频中变化较为明显的点作为特征点。因此视频局部表示首先使用时空兴趣点进行检测。局部兴趣点指视频中发生了时空运动突变的点,因此如果视频场景中人体运动呈匀速则很难被检测出来。可以采用二维 Harris 兴趣点提取时空信息的 3D-Harris 检测子,二维 Harris 检测子的作用是找出图像中两个正交方向有显著变化的空间位置,3D-Harris 识别具有较大空间变化和非平稳运动的点。如图 9-6 所示,在这个芭蕾舞视频中,舞者在整个视频中保持头部不动,因此,尽管具有大量空间特征,但在面部上没有检测到 3D-Harris 时空检测子。类似地,在她的腰部,由于有限的空间变化,也不能检测到 3D-Harris。

局部描述子提取,在检测到视频中的时空兴趣点后,应该使用描述子对该点或者区域进

图 9-6　3D-Harris 示意图

行描述。针对视频数据特有的复杂性,描述子应该对视频背景、杂乱度、尺度、方向变化具有鲁棒性。基于运动轨迹提取是局部特征提取的一个思路,轨迹通常是在兴趣点基础上,采用如 KLT 算法等进行逐帧跟踪得到的检测兴趣点;进一步得到特征点的运动轨迹,计算轨迹速度并量化得到速度序列用于动作分类。

9.3　人体图像运动特征

9.3.1　光流

光流普遍被认为是由物体运动引起的相对应的图像中亮度模式的表观运动,最著名的光流算法是 HS 光流法,其理论基础是光强不变性假设,即假定图像任意像素点的强度在时空上均匀变化,继而推出光流约束方程,然后通过限定光流场在整个图像中均匀变化,利用最小二乘法估算使得所有像素点速度误差总和最小的参数,最终得到每个像素点的速度,即光流。

HS 光流数学表达为:假设在图像中像素点(x,y)在时间 t 的强度为 $E(x,y,t)$,其光流表示为分别沿着图像 x 和 y 方向的$\mu(x,y)$和$\nu(x,y)$;经过时间间隔δt 后,像素点位置变为$(x+\delta x,y+\delta y)$,其中$\delta x=\mu\delta t$,$\delta y=v\delta t$,且:

$$E(x+\delta x,y+\delta y,t+\delta t)=E(x,y,t) \tag{9-2}$$

式中,$E(x+\delta x,y+\delta y,t+\delta t)$代表 $t+\delta t$ 时刻的光强。

同时,HS 光流法假设运动在时空上都是平滑的,因此将式(9-2)左侧用泰勒公式展开,从而得到

$$E(x,y,t)=E(x,y,t)+\frac{\partial E}{\partial x}\delta x+\frac{\partial E}{\partial y}\delta y+\frac{\partial E}{\partial t}\delta t+o(\delta t) \tag{9-3}$$

式中,$o(\delta t)$为关于δx、δy 和δt 的二阶和高阶项,假设趋近于零,因此,式(9-3)两边化简得

$$\frac{\partial E}{\partial x}\frac{\delta x}{\delta t}+\frac{\partial E}{\partial y}\frac{\delta y}{\delta t}+\frac{\partial E}{\partial t}=0 \tag{9-4}$$

令 $\mu = \dfrac{\mathrm{d}x}{\mathrm{d}t}, \nu = \dfrac{\mathrm{d}y}{\mathrm{d}t}$，同时规定：$E_x = \dfrac{\partial E}{\partial x}, E_y = \dfrac{\partial E}{\partial y}, E_t = \dfrac{\partial E}{\partial t}$，光流约束方程可简化为

$$E_x \mu + E_y \nu + E_t = 0 \tag{9-5}$$

式中，E_x, E_y, E_t 均可以从图像序列中估计得出。依靠光流约束方程无法直接计算出光流，借助光流平滑性假设，即图像中绝大部分的运动场均匀变化，给出目标约束方程：

$$e_c = (\mu_x^2 + \mu_y^2) + (\nu_x^2 + \nu_y^2) \tag{9-6}$$

光流约束方程所限定的目标方程为

$$e_s = E_x \mu + E_y \nu + E_t \tag{9-7}$$

给定式(9-6)和式(9-7)两个方程，光流估计问题就变成了最小化 $e_s + \lambda e_c$ 的求解问题。构建以下拉格朗日目标函数：

$$\iint F(\mu, \nu, \mu_x, \mu_y, \nu_x, \nu_y) \mathrm{d}x \, \mathrm{d}y \tag{9-8}$$

式对(9-8)的各个参数进行偏导数计算，求得其欧拉方程为

$$F_\mu - \frac{\partial F_{\mu_x}}{\partial x} - \frac{\partial F_{\mu_y}}{\partial y} = 0 \tag{9-9}$$

$$F_\nu - \frac{\partial F_{\nu_x}}{\partial x} - \frac{\partial F_{\nu_y}}{\partial y} = 0 \tag{9-10}$$

式中，$F_\mu = \dfrac{\partial F}{\partial \mu}, F_\nu = \dfrac{\partial F}{\partial \nu}$。

利用高斯-赛德尔迭代法，可以求得光流为

$$\mu^{n+1} = \bar{\mu}^n - \frac{E_x \bar{\mu}^n + E_y \bar{\nu}^n + E_t}{1 + \lambda(E_x^2 + E_y^2)} E_x \tag{9-11}$$

$$\nu^{n+1} = \bar{\nu}^n - \frac{E_x \bar{\mu}^n + E_y \bar{\nu}^n + E_t}{1 + \lambda(E_x^2 + E_y^2)} E_y \tag{9-12}$$

式中，$\bar{\mu}$ 为 μ 在其领域里的平均值；$\bar{\nu}$ 为 ν 在其领域里的平均值。

HS 光流法突破性地解决了光流计算问题，其理论框架是用于图像中运动估计的光流法的理论基础。但由于 HS 光流法直接以图像像素点的亮度值作为底层特征，像素点速度的估计在光照变化较大的情况下误差较大，图 9-7 所示为采用 HS 光流对人体运动进行估计的效果图。

9.3.2　运动历史图

运动历史图(MHI)计算一段时间内同一位置的像素变化，将人体动作用图像灰度值的形式表现出来。MHI 实际上是一幅灰度图像，每个位置的灰度值代表在视频序列中该位置最近的运动情况，越接近当前帧的动作，该位置的灰度值越大，灰度图像亮度越高。

定义 H 为 MHI 的灰度值，按照以下更新函数得到

$$H_\tau(x, y, t) = \begin{cases} \tau & \Psi(x, y, t) = 1 \\ \max(0, H_\tau(x, y, t-1) - \delta) & \text{其他} \end{cases} \tag{9-13}$$

式中，(x, y) 和 t 分别为像素点的位置和时间；τ 为持续时间，决定了运动的时间范围，在本

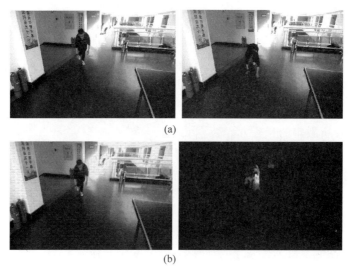

(a)

(b)

图 9-7　人体运动光流估计

(a) 前后两帧原始图像；(b) 光流场计算及幅值分割

节中我们设置 $\tau=10$；δ 为衰退参数，在本节中我们设置 $\delta=255/\tau$；$\Psi(x,y,t)$ 为更新函数，判断各个像素点在当前帧是否为前景，若为前景则等于 1。$\Psi(x,y,t)$ 可由帧间差分法得到

$$\Psi(x,y,t)=\begin{cases}1 & D(x,y,t)>\xi \\ 0 & \text{其他}\end{cases} \tag{9-14}$$

式中，$D(x,y,t)=|I(x,y,t)-I(x,y,t-\Delta)|$，$I(x,y,t)$ 是第 t 帧图像位于 (x,y) 坐标的像素点的灰度值；Δ 是帧间距离；ξ 是用来判别前景和背景的阈值。在本节中设置 $\Delta=1,\xi=32$。

如图 9-8 所示，上方的两行图像是当前帧，下方的两行图像是与之一一对应的 MHI。

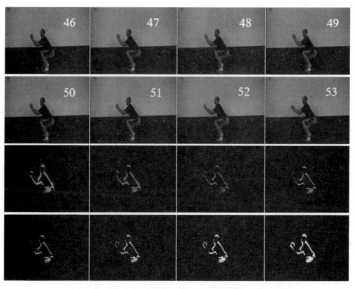

图 9-8　蹲起动作的运动历史图(MHI)

很多动作其实是跨越很多帧的,比如在做蹲起运动的过程中,可能会保持下蹲姿势超过 10帧以上。如果用每一帧来更新 MHI 将会损失动作的全局时域特性,无法看到完整的动作,在识别过程中也可能会带来误判。

9.3.3　能量运动历史图

要想对每个动作得到能够表示出在时域上具有全局性的 MHI,有必要设计一种自适应的方法。本节提出一种能量运动历史图(Energy Motion History Image,EMHI),其原理是通过当前帧与上一个有效帧之间的运动能量来判断当前帧是否为有效帧,然后决定是否更新 EMHI。定义 E_t 为第 t 帧相对于上一个有效帧 t_e 的运动能量,定义如下:

$$E_t = \frac{1}{w \cdot h} \sum_{x,y \in h,w} \Psi(x,y,t) \qquad (9\text{-}15)$$

式中,w 是指图像宽度;h 是图像高度。实质上是通过具有位移的像素点的个数来判断是否为有效帧,并且对其进行归一化。

最后通过运动能量来判断是否用当前帧来更新 EMHI:

$$D(x,y,t) = \begin{cases} |I(x,y,t) - I(x,y,t_e)| & E_t > \mu \\ 0 & \text{其他} \end{cases} \qquad (9\text{-}16)$$

式中,μ 为运动能量阈值,当运动能量大于阈值时就认为当前帧是有效帧,然后用帧间差分法更新 EMHI。

MHI 难以得到具有全局性的时域动作特征,而 EMHI 会保留多帧以前的运动状态,从而得到更好的全局时域动作特征。如图 9-9 所示,上方的两行图像为有效帧,下方的两行图像为与之对应的 EMHI。若当前帧为有效帧,则更新 EMHI,反之不更新。人体在 $42\sim53$帧之间保持下蹲姿势,身体只有微小的动作,EMHI 仍然可以得到较好的全局时域特征。

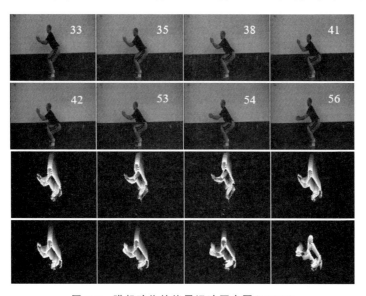

图 9-9　蹲起动作的能量运动历史图(EMHI)

9.4 动作数据集

一个开放的动作数据库是开展动作识别方法校验的基础，是进行动作识别研究的重要先决条件。动作公共数据库对于动作识别有两个重要作用：第一是可以提高动作识别过程的效率，节约数据收集的时间；第二是为各种动作识别方法提供统一的测试和比较平台，通过公正透明的比较促进动作识别技术的发展。本节对其中典型且流行的动作数据库进行介绍。

9.4.1 KTH 动作数据库

在早期的动作识别研究中，往往使用随机的动作数据作为数据库。真正意义上第一个流行的动作公共数据库是 2004 年瑞典皇家理工学院公开的 KTH 动作数据库，如图 9-10 所示，是机器视觉领域一个里程碑式的数据库。KTH 动作数据库包含 4 个动作场景：户外场景（s1），视觉尺度变化的户外场景（s2）、着装不同的户外场景（s3）和室内场景（s4）。KTH 数据库由 600 个 6 种类型的动作视频组成，这 6 种动作都是日常中典型的简单动作，分别为走（walking）、跑（running）、拳击（boxing）、小跳（jogging）、挥手（hand waving）和拍手（hand clapping），由 25 个人完成。KTH 数据库中既包含彼此差异较大的动作，如走和挥手，也包含彼此较为相似的动作，如跑和小跳，可以很好地检验动作识别算法的可靠性，是目前动作识别领域最重要的公共数据库。

图 9-10 KTH 动作数据库样本示例

9.4.2 Weizmann 动作数据库

以色列威兹曼科学院在 2005 年为了研究用于人体动作的时空剪影特征提出了

Weizmann 动作数据库,随后被逐渐应用到整个动作识别领域。Weizmann 动作数据库的动作场景相对固定,相机视角没有明显变化,包含 90 段 10 种动作视频,分别为走、弯腰、顶举、跳、垂直跳、侧着行走、跳跃、垂直跳、单手挥手和双手挥手,由 9 个人完成。此外,Weizmann 动作数据库提供了动作的剪影,其动作及对应的剪影示例如图 9-11 所示。Weizmann 动作数据库只有一个动作场景,但其动作类型较多,且部分动作间相似度较大,对于动作识别方法的精度具有很好的检测效果。许多动作识别方法在 Weizmann 动作数据库中识别率达到 95% 以上。随着动作识别算法的不断发展和越来越高的应用需求,Weizmann 动作数据库逐渐被更为复杂的动作数据库替代。

图 9-11　Weizmann 动作数据库样本示例

9.4.3　UCF Sports 动作数据库

UCF Sports 动作数据库是中佛罗里达大学于 2008 年通过搜集电视和网络中的动作视频建立的包含 167 段体育动作视频的大型数据库,其 10 种动作类型分别是跳水、打高尔夫、踢球、举重、骑马、跑步、滑板、鞍马、单杠和走。相比于 KTH 和 Weizmann 动作数据库,UCF Sports 动作数据库的动作场景更加复杂且视角变化大,其样本示例如图 9-12 所示。UCF Sports 动作数据库各个动作类型间差异较大,每种动作类型视频的差异性也较大,是用于验证动作识别算法精度和对于动态场景鲁棒性的重要平台。UCF Sports 动作数据库是目前流行的小型动作识别数据库,许多方法在其中测试的平均识别率达到 85% 以上。

9.4.4　HMDB 动作数据库

HMDB 动作数据库是布朗大学在 2011 年建立的复杂人体动作数据库,包含 51 种动作共计 6681 段视频,其样本示例如图 9-13 所示。HMDB 动作数据库的视频主要来源于网络、电视和其他小型数据库,动作场景十分复杂,视角变化大,分辨率和帧频率都不同,包含人体面部动作、体育动作、与环境的交互动作和日常动作等。HMDB 动作数据库是目前最接近真实动作场景的数据库,同时也是最具挑战性的动作数据库,近年很多方法都选择 HMDB 动作数据库作为检验其算法精度的平台,但大多数动作识别方法的平均识别率在 80% 以下。

图 9-12　UCF Sports 动作数据库样本示例

图 9-13　HMDB 动作数据库样本示例

9.4.5　UCF101 动作数据库

UCF101 动作数据库同样由中佛罗里达大学于 2012 年发布,除了包含体育动作,还有其他共 101 种人体动作的 13320 段视频。UCF101 动作数据库视频同样大部分来源于网络,场景和视角变化较大,但视频都被固定为统一大小:分辨率(320×240),帧频率(25f/s)。UCF101 动作数据库是目前容量最大的动作数据库,普遍被近年的动作识别方法所采用,其样本示例如图 9-14 所示。

图 9-14　UCF101 动作数据库样本示例

　　表 9-1 为当前可以公开检索的肢体动作数据集,这里对每个数据集的匹配属性给出了相关介绍,大部分数据集以 RGB 和 RGB-D 的视频数据形式发布。

表 9-1　主要肢体动作数据集

数 据 集	年份	视频数	视角	行为	主体数	数据类型
KTH	2004	599	1	6	25	RGB
Weizmann	2005	90	1	10	9	RGB
INRIA XMAS	2006	390	5	13	10	RGB
IXMAS	2006	1148	5	11	—	RGB
UCF Sports	2008	150	—	10	—	RGB
Hollywood	2008	—		8		RGB
Hollywood2	2009	3669	—	12	10	RGB
UCF 11	2009	1100+	—	11	—	RGB
CA	2009	44	—	5	—	RGB
MSR-I	2009	63	—	3	10	RGB
MSR-II	2010	54	—	3	—	RGB
MHAV	2010	238	8	17	14	RGB
UT-I	2010	60	2	6	10	RGB
TV-I	2010	300	—	4	—	RGB
MSR-A	2010	567	—	20	1	RGB-D
Olympic	2010	783	—	16	—	RGB
HMDB51	2011	7000	—	51	—	RGB
CAD-60	2011	60	—	12	4	RGB-D
BIT-I	2012	400	—	8	50	RGB
LIRIS	2012	828	1	10	—	RGB
MSRDA	2012	320	—	16	10	RGB-D
UCF50	2012	50	—	50	—	RGB
UCF101	2012	13320	—	101	—	RGB
MSR-G	2012	336	—	12	1	RGB-D
UTKinect-A	2012	10	—	10	—	RGB-D
ASLAN	2012	3698	—	432	—	RGB
MSRAP	2013	360	—	6 对	10	RGB-D
CAD-120	2013	120	—	10	4	RGB-D
Sports-1M	2014	1133158	—	487	—	RGB
3D Online	2014	567	—	20	—	RGB-D
FCVID	2015	91233	—	239	—	RGB
ActivityNet	2015	28000	—	203	—	RGB
YouTube-8M	2016	8000000	—	4716	—	RGB
Charades	2016	9848	2	157	—	RGB
NEU-UB	2017	600	—	6	20	RGB-D
Kinetics	2017	500000	—	600	—	RGB
AVA	2017	57600	—	80	—	RGB
20BN-Something-Something	2017	108499	—	174	—	RGB
SLAC	2017	520000	—	200	—	RGB
Moments in Time	2017	1000000	—	339	—	RGB

9.5　人体肢体动作识别

人体动作识别要比手势识别复杂,早期的研究主要是从一般几何模型或外观模型的计算分析中获得少数几种动作类别,但是随着肢体动作数据的海量涌现,识别问题变得异常复杂。近年来,以神经网络为基础的深度学习技术正被广泛应用于动作识别,卷积神经网络(Convolutional Neural Networks,CNN)因其基于对每层神经元卷积和池化操作的特点非常适用于图像及视频的特征提取及分类问题。

从历史发展来看,神经网络计算最早可以追溯到1943年,Warren McCulloch提出的里程碑式神经计算模型,60年代,经过Frank Rosenblatt对该模型的推广,形成了感知器及多层感知器,并在当时的IBM计算机上模拟了数据学习和分类规则。70年代,基于反向传播方法进一步推动了神经网络学习机制发展,但由于数据规模及计算机处理能力的限制,神经网络的发展较为缓慢。80年代,研究人员开始考虑采用并行处理方式,如Neocognition模型等,初步具备了CNN的雏形,并且在1986年就已经出现了Deep Learning的概念。90年代,池化技术(max-pooling)被用于辅助三维物体的识别,直到1997年长短记忆模型(LSTM)提出后,Deep Learning在性能上仍然落后于当时的支持向量机分类器SVM。从2003年以后,以LSTM为代表的深度学习神经网络的性能出现逆转,2012年,Andrew Ng等进一步实现通过网络识别图像中的高级概念,并且指出在图像分析上,通过GPU和分布式计算能够增加网络容量以及计算能力,从而实现了真正意义的"深度学习"。自从基于深度学习的CNN被成功应用到图像分类领域且其识别率超越所有传统方法以来,国内外许多学者也试图将其成功拓展到动作识别问题中,其中大多数方法直接将动作视频分割成独立的图像,进而构建图像的空间CNN框架,并通过对动作图像分类结果融合完成整个视频的分类。

9.5.1　卷积神经网络

图9-15(a)给出了传统的前馈型神经网络模型,其由一个输入层、一个隐含层以及一个输出层表示。深度学习神经网络,如图9-15(b)所示,通常是指具有多个(3个及以上)连接层且具有非线性激活节点的前馈网络框架,其具有两个明显特点:一是深度学习框架具有处理非线性信息能力的多个层;二是深度学习框架在连续的更高层或更抽象层上具有对于特征表征的监督学习或非监督学习能力。

受猫的视觉系统启发,CNN是一种简化的多层前馈神经网,其认为神经细胞(或神经元)只在特定感受区域对激励进行响应,这样在CNN框架中便可以假设每个层间的连接是局部的,而非全连接;同时,利用卷积和池化操作对信号进行操作也不会导致重要信息的缺失。局部连接、卷积以及池化处理可以大大减少传统多层前馈神经网络的复杂度。此外,CNN的另一个基本假设是权值共享,即假设在同一层内每个神经元的权值相同,这样便可以进一步减小计算的复杂度。CNN的两个基本假设使视觉信号的深度学习成为可能。

对于动作识别CNN,可以定义如图9-16所示的CNN结构,其中输入层可以定义为运

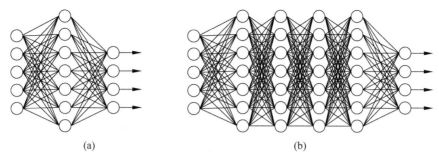

图 9-15　神经网络与深度学习神经网络

(a) 神经网络；(b) 深度学习神经网络

动图像、光流特征或骨骼节点特征。以图像为例,输入层信号首先连接一个卷积层,卷积核大小设为 7×7,步长设为 2,在 96 个通道上进行卷积;第一个卷积层连接一个池化层,池化核窗口大小设为 3×3,步长设置为 2;之后,重复 4 个卷积和 2 个池化过程,其对应的参数均由图 9-16 确定;最后,将一个池化层连接到两个神经元个数为 4096 和 2048 的全连接层。

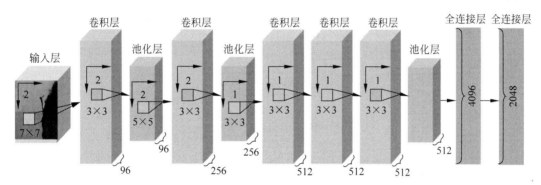

图 9-16　卷积神经网络

给定一个视频序列 V,首先对图像帧进行全采样,并调整为 224×224 大小作为空间通道 CNN 的输入。之后,将调整后的图像矩阵信号传递到卷积层。在对图像进行卷积处理时,若一幅图像的特征表示为 $f(x,y)$,当核算子为 $h(k,l)$ 时,卷积结果为

$$g(x,y)=\sum_{k,l}f(x-k,y-l)h(k,l) \tag{9-17}$$

卷积核算子分别选 7×7、5×5 和 3×3 大小,第一和第二卷积层步长设置为 2,其余卷积层步长设置为 1,在对不同图像特征矩阵进行卷积时,其步长和卷积核的大小对于卷积结果有直接影响:当以步长为 1 进行卷积,卷积核选为 3×3 大小的矩阵,假定图像为图 9-17 中左侧所示的二维矩阵,核卷积为右侧所示二维矩阵,则其卷积过程及结果如图 9-17 所示。从中可以看出,图像卷积运算过程为卷积核分别与图像对应模块进行乘积并累加的过程,其执行效率较高,且卷积核算子直接决定了卷积结果的好坏。

在池化层进行操作时,池化算子均定义为 3×3 大小,前两个池化层步长设置为 2,其余设置为 1。CNN 池化操作时选用最大池化操作,即在池化算子大小范围内选择最大值,如图 9-18 所示。可以看出,池化算子的尺寸直接决定了池化过程的结果,其选择对于整个深度学习过程都具有重要作用。此外,均值池化也是深度学习框架中被普遍采用的技术。

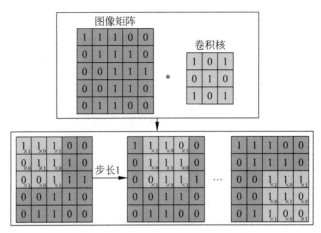

图 9-17　卷积层操作示意图

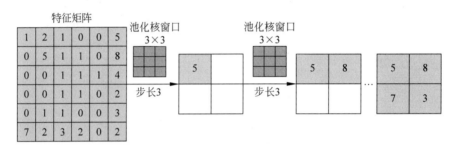

图 9-18　池化层操作示意图

空间通道卷积网络的输入是单帧图像,这样的分类网络包括 AlexNext、GoogLeNet、VGG、ResNet 等。表 9-2 列举了当前一些 CNN 基础网络的参数数量、识别准确率及深度等信息。可以看出,现有 CNN 模型过于庞大,如表 9-2 所示,VGG 网络有一亿多参数,而 ResNet50 和 InceptionV3 也有两千多万参数,如果应用于移动和嵌入式设备中会出现内存不足的问题。很多场景下,要求模型具有低延时、响应速度快的特点。还存在第三个问题,CNN 往往会随着参数的增加而难以训练,也就是说需要大量的数据才可以训练得到一个表现好的网络。而在人体动作识别领域,数据集的采集难度要远远大于图像识别数据集,一般来说动作识别领域的数据集都是比较小的,所以对于这样参数量巨大的模型会难以训练。

表 9-2　现有卷积神经网络模型及 ImageNet 的识别性能

模　型	大　小	参 数 数 量	深　度	Top-1 准确率	Top-5 准确率
Xception	88MB	22910480	126	0.790	0.945
VGG16	528MB	138357544	23	0.713	0.901
VGG19	549MB	143667240	26	0.713	0.900
ResNet50	99MB	25636712	168	0.749	0.921
InceptionV3	92MB	23851784	159	0.779	0.937
MobileNet	16MB	4253864	88	0.704	0.895
MobileNetV2	14MB	3538984	88	0.713	0.901

9.5.2　肢体动作双通道 CNN 识别

从表 9-2 看出,MobileNetV2 的参数量最少,同时在 ImageNet 上具有较高的准确率。采用 MobileNetV2 结构作为基础网络,设计一种包含空间、全局时域两个通道的卷积神经网络对人体动作进行表征和识别,图 9-19 为双通道卷积神经网络的网络结构。空间通道 CNN 对动作图像进行深度学习,全局时域通道对能量运动历史图(EMHI)进行深度学习,两个通道的基础网络选用 MobileNetV2。

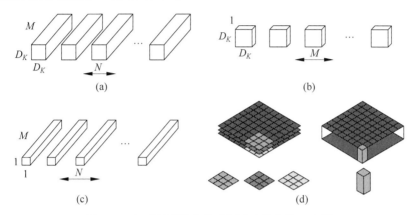

图 9-19　标准卷积核与深度可分离卷积核示意图

(a) 标准卷积核;(b) 深度卷积核;(c) 1×1 卷积核,在深度可分离卷积中叫做逐点卷积;(d) 可分离卷积示意图

1. MobileNet 网络

MobileNet 是为移动和嵌入式设备而提出的轻量化模型,主要采用深度可分离卷积(Depthwise Separable Convolutions)来构建模型。深度可分离卷积是将标准的卷积操作分解为深度卷积(Depthwise Convolution)和逐点卷积(Pointwise Convolution),其中逐点卷积就是 1×1 卷积,深度可分离卷积可以大幅减少参数量和计算量。得到的结果与计算量的比值相同,如果卷积核的尺寸为 3×3,深度卷积加上逐点卷积的参数量同样只有标准卷积的 1/9。通过这种方式可以大大减少 CNN 参数量和计算量。

如图 9-20 所示,图(a)是标准卷积层与 BN 层和 ReLU 层的连接方式,图(b)为深度可分离卷积的连接方式。MobileNet 采取的策略是先进行深度卷积,然后添加 BN 层和 ReLU 层,再添加逐点卷积,最后再添加一个 BN 层和 ReLU 层。与标准卷积的连接方式相比,在减少了参数量和计算量的同时,额外引入了一个 BN 层和 ReLU 层,增强了模型的非线性拟合能力。

2. MobileNetV2 网络

MobileNetV1 的结构比较简单,类似于 VGGNet 的结构,通过叠加的卷积模块降低特征图的维度,最终利用全连接层输出分类。而 ResNet 证明了残差模块确实有利于提升模型的性能,所以 MobileNetV2 引入了残差模块。并且 MobileNetV1 训练后发现有一些深度卷积核是空的,主要原因可能是每个深度卷积核的通道数都是 1,相比较于标准卷积核要小很多,并且在使用 ReLU 作为激活函数的情况下,容易使得神经元的输出为 0,而 ReLU 函数对于 0 输出的梯度同样为 0,所以导致难以训练。

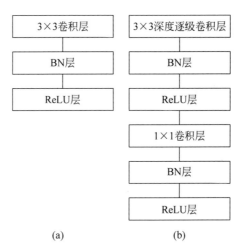

(a)   (b)

图 9-20　标准 CNN 单元拓扑图和 MobileNetV1 单元拓扑图

　　MobileNetV2 引入反向残差模块(Inverted Residual Block)。如图 9-21(a)所示,传统的残差模块为了减少参数量会先用一个 1×1 的卷积核压缩输入的特征维度,然后再添加一个 3×3 的卷积核。而为了能使输出的特征图与输入的特征图相加,再添加一个 1×1 的卷积核来扩充特征维度,使其与输入特征图维度相同。因为 MobileNet 主要靠深度卷积来提取特征,而深度卷积受限于输入的特征图维度,如果通道数太少,那么提取到的特征就会更少。所以作者对于这个问题提出了一种反向残差模块,如图 9-21(b)所示,与传统的残差模块的结构相反,对于输入的特征图,首先添加一个 1×1 的卷积核来扩充特征维度,然后添加深度卷积来提取特征,最后添加一个 1×1 的卷积核来压缩特征维度,避免深度可分离卷积提取到的特征少问题。

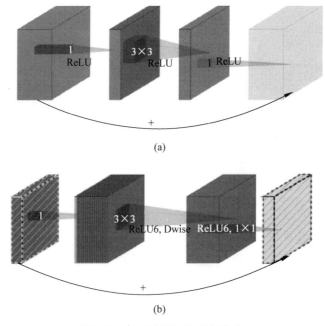

图 9-21　标准残差层和反向残差层

网络结构如表 9-3 所示,其中: t 表示在反向残差模块中的扩张倍数, c 表示输出的通道数, n 表示重复次数, s 表示步长。网络输入图像尺寸是 224×224 像素,首先经过一个步长为 2 的标准卷积,输出特征图尺寸为 $112^2 \times 32$ 像素。

表 9-3 MobileNetV2 结构

输 入	操 作	扩张倍数 t	通道数 c	重复次数 n	步长 s
$224^2 \times 3$	Conv2d	—	32	1	2
$112^2 \times 32$	bottleneck	1	16	1	1
$112^2 \times 16$	bottleneck	6	24	2	2
$56^2 \times 24$	bottleneck	6	32	3	2
$28^2 \times 32$	bottleneck	6	64	4	2
$14^2 \times 64$	bottleneck	6	96	3	1
$14^2 \times 96$	bottleneck	6	160	3	2
$7^2 \times 160$	bottleneck	6	320	1	1
$7^2 \times 320$	Conv2d 1×1	—	1280	1	1
$7^2 \times 1280$	Avgpool 7×7	—	—	1	—
$1 \times 1 \times 1280$	Dense		512		

接下来经过 6 个 bottleneck 模块,在 bottleneck 模块中,当 $n > 1$ 时, s 表示该层第一次卷积的步长,之后的重复层卷积步长均为 1。例如第二个 bottleneck 模块,输入特征维度为 $112^2 \times 16$,重复次数 $n = 2$,步长 $s = 2$ 。只有在第一个 bottleneck 层步长为 2,后面的 bottleneck 层步长取 1。

在 bottleneck 模块中,当 $n > 1$ 时, c 表示第一个 bottleneck 层的输出特征维度,在其余的重复层中特征维度保持不变。例如第二个 bottleneck 模块,输入特征维度为 $112^2 \times 16$,重复次数 $n = 2$,输出特征维度 $c = 24$ 。在第一个 bottleneck 层输出的特征尺寸为 $56^2 \times 24$,在第二个 bottleneck 层输出的特征尺寸仍然为 $56^2 \times 24$ 。

在 bottleneck 模块中, $t = 6$ 表示在反向残差模块中的维度扩张倍数。例如在第二个 bottleneck 模块的第一个 bottleneck 层,输入特征维度为 $112^2 \times 16$,经过 1×1 卷积后特征图尺寸为 $112^2 \times 96$,经过步长为 2 的深度卷积后特征图尺寸为 $56^2 \times 96$,最后再经过 1×1 卷积后特征图尺寸为 $56^2 \times 24$ 。

在经过 6 个 bottleneck 模块后,特征图尺寸变为 $7^2 \times 320$,再经过一个 1×1 卷积层扩张维度至 $7^2 \times 1280$ 。然后利用全局平均池化层压缩特征维度至 1280,最后添加一层神经元个数为 512 的全连接层。

9.5.3 双通道卷积神经网络融合

如图 9-22 所示,双通道网络输入视频序列,将视频经过处理后形成空间和全局时域两个处理通道,两个网络最后都是神经元个数为 512 的全连接层。将两个全连接层的输出连接在一起,成为神经元个数为 1024 的全连接层,然后添加了一个神经元个数为 256 的全连接层,激活函数采用 ReLU6。最后添加一个神经元个数为类别数的全连接层,并利用 softmax 激活函数直接输出分类结果。

　　由于这样的网络结构在训练过程中不需要两个通道单独训练,可以采用端到端的训练方法。两个通道同时进行训练,可有效提升训练的速度,全局时域通道的输入为EMHI,计算量小,也不需要在训练前准备计算好的EMHI,而是在训练的过程中根据视频直接生成。

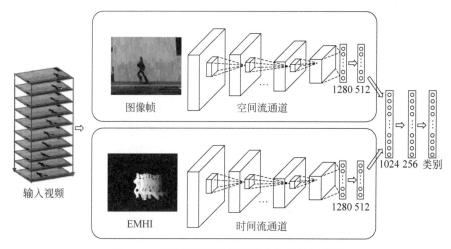

图 9-22　双通道卷积神经网络完整结构示意图

　　动作三维时空信号若只以当前帧的输出作为判别依据可能会出现较大误差,表现为在相邻几帧的识别中可能会出现某一帧与其他帧结果存在较大差异。所以在双通道输出之后采用多帧融合方式进行动作识别,对当前帧和之前固定帧数的识别结果加权平均。如图 9-23所示,将当前帧与前 2 帧输出融合,虽然当前帧的识别出现错误,但通过前 2 帧的矫正输出了正确结果,提高了准确率。这样做也可以使输出的识别结果尽可能平稳,减少动作类别突变的情况。多帧融合也存在一个问题,当前几帧的识别结果是错误的类别时,即使当前帧的识别结果是正确的,也会因为加权平均的原因输出错误的类别。所以融合帧数的选取会对识别准确率造成一定的影响,具体结果见实验部分。

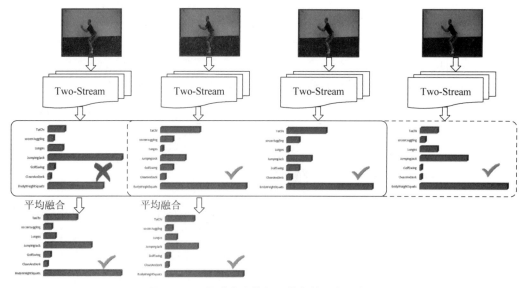

图 9-23　双通道卷积神经网络多帧融合示意图

9.6　肢体动作识别实验

9.6.1　动作数据集

如图 9-24 所示,在学生公寓环境下进行数据采集,采用微软的 Kinect V2 采集构建两个数据集:HITVS-v1 数据集,HITVS-v2 数据集。

1. 数据库 HITVS-v1

使用 Kinect V2 从两个视点收集数据,提高收集效率和模型的泛化性。有 7 种活动:吃、喝、读、坐下、站立、躺下、起床,5 名志愿者每人随机执行 7 种类型的动作 20 次。采样频率设置为 FPS=15f/s。每次收集 1000 帧,持续时间为 $T \approx 66.7s$。每个序列包含 3~10 个有效动作。动作标注格式为:开始帧、结束帧、动作类别。如图 9-25(a)所示,从不同的角度采集行动序列。除了视

图 9-24　数据采集环境

角的变化之外,还收集了 5 名志愿者的动作,因为当他们执行相同的动作时,不同的人之间存在显著的差异,如图 9-25(b)所示。

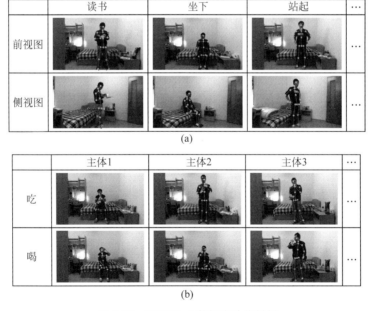

图 9-25　HITVS-v2 数据库动作样例

2. HITVS-v2 数据集

设置采样频率为 FPS=30f/s。采集动作主要分为摔倒动作和类摔倒动作。摔倒动作:模拟因眩晕摔倒和行走过程中摔倒(包括前向摔倒、侧向摔倒及向后摔倒),并使用厚海绵垫保护。类摔倒动作:坐下和躺下。10 位学生作为志愿者进行以上动作采集,每个人分别对

每个动作做 10 次,每次采集 200 帧,也就是持续时间为 $T \approx 6.7s$。采集两种数据类型:25 个人体关节节点坐标(.txt)和 RGB 视频(.avi),每种数据有 $2 \times 10 \times 10$ 个文件。

HITVS-v1 数据集与 HITVS-v2 数据集相比主要有三个区别:第一,两个数据集的动作类别不同,HITVS-v2 数据集只有两类动作,HITVS-v1 数据集包含 7 类动作。第二,两个数据集中的动作序列时长不同,HITVS-v2 数据集中的动作序列时长较短,而 HITVS-v1 数据集中的动作序列持续时间较长。第三,两个数据集的采集方式有所不同,HITVS-v2 数据集中每一个动作序列中只包含确定的一类动作,而 HITVS-v1 数据集中的每一个动作序列中包含个数不确定的多个动作。与 HITVS-v2 数据集类似,每个动作序列只包含一类确定的动作。

3. MSR Daily Activity 3D 数据库

MSR Daily Activity 3D 数据库由 Kinect V1 设备采集(包含图像、骨架位置信息、深度图),场景为室内,如图 9-26 所示。共有 16 种动作,包括喝水、进食、读书、打电话、在纸上写字等。该数据库共包含 320 个样本,本节项目可以借鉴该动作数据库。

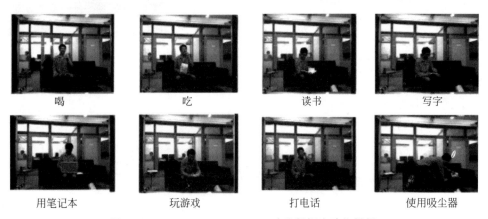

| 喝 | 吃 | 读书 | 写字 |

| 用笔记本 | 玩游戏 | 打电话 | 使用吸尘器 |

图 9-26   MSR Daily Activity 3D 动作数据库动作样例

9.6.2   实验结果及分析

为了验证两个通道的互补性,本节分别对于单个通道和双通道方法进行实验。测试数据库包括摔倒数据库、HITVS-v1 数据库、MSR Daily Activity 数据库以及 UCF101 数据库。

1. 空间通道

空间通道训练使用两步式训练法,首先载入从 ImageNet 预训练好的 MobileNetV2 模型,固定 MobileNetV2 的卷积层参数,只训练最后一层全连接层。训练 10 个轮后,再对整体进行训练。优化算法采用 Adam 梯度下降法,学习率选取 0.001,为了保证训练效果,在每一批训练数据中保证每一类的训练样本数相同。

测试结果如表 9-4 所示,在摔倒数据库,空间通道识别准确率为 77.5%;在 HITVS-v1 数据库,空间通道识别准确率为 86.0%;在 MSR Daily Activity 数据库,空间通道识别准确率为 71.9%;在 UCF101 数据库,空间通道识别准确率为 73.1%,对比 Simonyan 等人的空间通道稍有提升,主要原因是我们采用了更复杂的 CNN 基础模型。

表 9-4 空间通道平均识别率

方 法	平均识别率			
	摔倒数据库	HITVS-v1	MSR Daily Activity	UCF101
空间通道+softmax	77.5%	86.0%	71.9%	73.1%
空间通道+softmax (Simonyan)	—	—	—	72.8%

2. 全局时域通道

利用视频数据库分别计算 MHI 和 EMHI 特征,然后训练时域通道,测试方法与空间通道相同,分别比较 MHI 和 EMHI 的识别效果。由于全局时域通道的输入是单通道的灰度图,而时域通道的输入是 RGB 图,如图 9-27 所示,在输入层之后多加一层卷积层,卷积核的数量为 3,边界处采取补 0 的方法,这样就满足了时域通道的输入层结构。更简单的一种方法是利用 EMHI 图像直接生成一幅三通道相同的 RGB 图像。

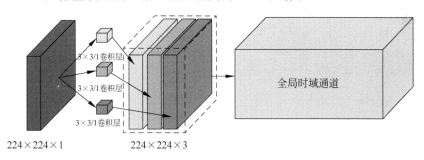

图 9-27 全局时域通道输入配置

测试结果如表 9-5 所示,在摔倒数据库,利用 MHI 的动作识别准确率为 79.5%,EMHI 的动作识别率为 81.2%;在 HITVS-v1 数据库,利用 MHI 的动作识别准确率为 84.7%,EMHI 的动作识别率为 86.3%;在 MSR Daily Activity 数据库,利用 MHI 的动作识别准确率为 68.9%,EMHI 的动作识别率为 70.3%;在 UCF101 数据库,利用 MHI 的动作识别准确率为 77.2%,EMHI 的动作识别率为 82.5%,对比 Simonyan 等人的时域通道稍有提升。总体来看,EMHI 的动作识别准确率要高于 MHI,验证了 EMHI 在动作识别中的有效性。

表 9-5 时域通道平均识别率

方 法	平均识别率			
	摔倒数据库	HITVS-v1	MSR Daily Activity	UCF101
MHI+softmax	79.5%	84.7%	68.9%	77.2%
EMHI+softmax	81.2%	86.3%	70.3%	82.5%
时域通道+softmax (Simonyan)	—	—	—	81.2%

3. 双通道融合

将空间通道卷积网络与全局时域通道卷积网络的识别结果融合时,采用端到端的训练,而并没有采用平均融合的方法。分别采用 3 帧融合、5 帧融合和 10 帧融合的方式来提升准确率。

测试结果如表 9-6 所示,在摔倒数据库的平均识别率为 85.6%,利用多帧融合的方式准确率分别为 86.3%、86.7% 和 85.7%;在 HITVS-v1 数据库的识别准确率为 89.2%,利用多帧融合的方式,准确率分别为 90.5%、91.0% 和 90.0%;在 MSR Daily Activity 数据库的识别准确率为 78.6%,采用多帧融合后,准确率分别为 79.8%、80.3% 和 78.1%;在 UCF101 数据库的识别准确率为 88.5%,采用多帧融合后,准确率分别为 88.7%、88.7% 和 87.2%。

表 9-6　双通道平均识别率

	平均识别率			
	摔倒数据库	HITVS-v1	MSR 日常行为	UCF101
空间通道+softmax	77.5%	86.0%	71.9%	73.1%
时域通道+softmax	81.2%	86.3%	70.3%	82.5%
双通道	85.6%	89.2%	78.6%	88.5%
双通道+3 帧融合	86.3%	90.5%	79.8%	88.7%
双通道+5 帧融合	**86.7%**	**91.0%**	**80.3%**	**88.7%**
双通道+10 帧融合	85.7%	90.0%	78.1%	87.2%
双通道+平均融合(Simonyan)	—	—	—	86.9%
双通道+SVM 融合(Simonyan)	—	—	—	88.0%

由实验结果可知,空间通道和全局时域通道是互补的,并且本章提出的多帧融合方式可以有效提升识别准确率,在 5 帧融合时表现最好。经过分析,主要原因是随着融合帧数的增加,当初始的识别结果就是错误的类别时,多帧融合的方法反而不能用当前的正确识别结果矫正过来。

9.7　基于肢体动作识别的机器人交互实例

采用第 8 章的多方式人机交互系统,机器人基于 Kinect 识别人体动作,继而完成相关任务。任务一是机器人识别人的喝水动作,该任务场景包括人、机器人和作业平台,作业平台上放置的初始状态下机器人、人和台子之间相互位置关系如图 9-28 所示。机器人在待机状态下,基于 Kinect 等传感器检测视野范围内的交互对象,当检测到人出现事件时进入交互状态,机器人调整位姿面向交互对象,调整到最佳距离,确保交互对象在机器人的视觉系统范围内。

如图 9-29(a)所示,该任务中,交互对象做出喝水动作,机器人通过对交互对象上肢手臂动作进行识别,通过语音输出,询问交互主体是否"喝水";交互对象回答"是的,请给我取一杯水

图 9-28　机器人交互场景

吧",机器人识别语音信号的关键词获得"给我""取""水"等关键语义,从而形成"取水"任务。该任务执行首先寻找"水杯"位置,机器人首先判断视角范围内是否有被识别的杯子,当无法判断时,发出语音询问:"请告诉我水杯位置",并等待交互对象提示,此时,交互对象用手势指示"水杯"方位,机器人则基于 Kinect 识别手势类别,同时基于 Kinect 捕获的手臂骨骼信息获得指向对象方位,机器人从而调整方向,获取"水杯"位置。

如图 9-29(b)所示,杯子上贴有黄色标签,置于场景中台子上,通过标定视觉系统,用 Kinect 景深数据和单目摄像头可以获得杯子相对机器人的位置关系,基于机器人 6 自由度手臂逆解算法获得手臂各关节的运动参数,执行抓取动作。机器人锁定"水杯"位置后,执行抓取水杯任务,再转向到人所在方位,通过 Kinect 识别交互对象的骨骼方位,移动到交互对象的面前,将水杯递交到交互对象手中,如图 9-29(c)所示。识别判断交互对象喝水动作,当喝水动作结束后,机器人确认"倒水"任务执行完成。

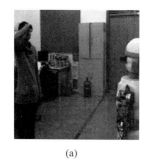 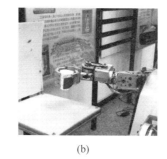 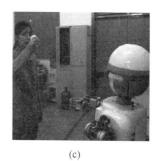

(a) (b) (c)

图 9-29　基于 Kinect 的喝水识别及机器人交互控制

(a) 机器人识别交互对象喝水动作;(b) 机器人执行取水动作;(c) 机器人将水给交互对象

在机器人助老助残服务中,基于视觉的肢体动作识别监控判断交互对象肢体动作的非正常姿态,用于老人肢体动作及姿态监控,实时感知老年人身体状况,判断老年人遇到的危险情况,第一时间通过广域网及时与紧急联系人联络,通过远程视频及时获得老人的现场情况。如图 9-30 所示,该交互任务中,机器人基于 Kinect 识别交互对象,并采用摔倒检测方法探测交互对象的摔倒或晕倒等事件为不正常危险肢体动作姿态,当机器人判断交互对象的行为为不正常状态时,机器人走近交互对象并通过语音询问:"您似乎摔倒了,请问是否需要报警?",并等待用户的应答。如果用户回答"需要"或"要"等关键语义或是等待应答超时状态,机器人则抓取现场对该交互对象的非正常状态图片或视频,发送给远程紧急联系人,并开启远程监控模式,与远程人员进行视频通信,监控了解本地交互对象的现场情况,并采取进一步措施。

图 9-30　摔倒危险行为的机器人识别

　　该任务在建立的智能服务机器人多方式人机交互系统中执行效果较好,由于肢体姿态动作是最直接快速地反映出人状态的交互方式,通过对老年人肢体动作危险行为的识别,能够迅速地对老年人情况进行识别分析,并通过语音进行询问,排除对一些瞬时动作的误判断,使该系统具有较强的容错性。远程的交互对象不仅能及时获得机器人监控场景中各项环境参数,还可以获得远程视频,通过远程遥控机器人移动,调整视频的视角方向,达到机器人远程监控使用目的。

习　　题

9.1　人体动作的动作等级主要包括哪些? 动作表述可以通过哪些方法进行描述?

9.2　阐述人体动作光流、运动历史图以及能量运动历史图的区别和联系。

9.3　设计程序,在开源数据库上用深度学习方法进行肢体动作识别。

第10章

基于人脸表情识别的机器人交互

10.1 概　　述

　　自然语言和形体语言是人类社会生活交流模式中的主要组成部分。面部表情是形体语言中进行交往和表达情感的一种重要手段,通常由面部特征,如眼睛、嘴唇、眼睑和眉毛的肌肉等按照不同的运动方式组合生成。根据社会心理学家的研究,人脸表情包含性情与个性、情感状态和精神病理学等复杂信息。美国心理学家 Mehrabian 研究显示人类日常交流中情感信息表达主要通过语言、声音和面部表情来实现,其中语言传递 7% 的信息,声音传递 38% 的信息,而人脸表情传递的信息却高达 55%(图 10-1)。因此,表情在人类日常交流中占据重要位置,是进行人与人之间情感信息交流的重要方式。如果在人机智能化交互过程中,机器人能够获取并正确理解人脸表情代表的情感信息,对其进行操作从而理解人的生活需求,不仅能够促进人工智能的发展,更有利于机器人技术应用的推广和发展。同时,通过计算机对人类表情的识别分析亦可改善人与人之间的交流,特别是有助于残障人士对信息的表达,理解对方的内心想法和外在要求,增强彼此间的交流和沟通。

图 10-1　情感交互中各成分
及其所占比例

10.2　面部表情特征

　　1971 年,Ekman 等人提出 6 种基本表情,即恐惧(Fear)、悲伤(Sad)、生气(Angry)、惊讶(Surprise)、高兴(Happy)和厌恶(Disgust),并获得大部分研究学者认可,成为目前大部分表情识别研究工作的基础。人不但可以通过表情清晰准确表达出自己内心最真实、最原始的感受和想法,也可以通过观察对方的表情大致判断其心理状态和情绪。面部表情识别(Facial Expression Recognition,FER)是对表情信息进行提取分析,采用人工智能途径按照人类认知与思维加以归纳和理解,利用人类情感信息方面的先验知识驱使计算机进行计算及预测。

　　人脸表情体现在面部特征:眼眉、眼睛、眼角和嘴部的运动。目前表情的描述方法众多,大致可分为几何形状、纹理特征和二者结合的方式。其中基于几何变形的表情主要有活动轮廓模型(Active Shape Model,ASM)、面部动作单元(Facial Action Units,FAUs)等,根据面部特征点位移或网格变形构成几何特征。纹理特征主要是基于局部纹理特征计算,常用算法有二值模式(Local Binary Patterns,LBP)、局部方向模式(Local Directional Patterns,LDP)、Gabor 小波、方向梯度直方图(Histogram of Oriented Gradient,HOG)、旋转尺度不变转换(Scale Invariant Feature Transformation,SIFT)等。除此之外,还存在其他面部特征表述方法。

1. 几何特征

ASM 通过提取面部特征点位置构成几何特征。Huang 等人通过改进 ASM 并利用模型中三角形特征进行几何特征提取。FAUs 采用几何网格框架描述人脸几何形状和活动外观,可以描述图像序列中恒定面部特征和瞬时特征。此外,还存在行为参数表情模型(Action Parameters,APs),用 10 个参数描述特征点位置。

2. 纹理特征

纹理特征通过计算图像中主要特征部位纹理的变化来描述表情,通常采用某些特定算子获得纹理特征。LBP 以及不同方向的边缘响应 LDP 可用于面部纹理特征。LDN(Local Directional Number Pattern)在方向掩码基础上,计算不同方向的微小模式结构获得编码方向索引和符号差异的信息。GDP 算子(Gradient Directional Pattern)通过量化梯度方向的角度描述面部局部区域。此外,还存在 Gabor 特征、多尺度 Gabor,log-Gabor 及 Gauss-Laguerre 等小波特征用于描述人脸表情。

3. 其他特征

其他特征包括基于高阶局部自相关(Higher-Order Local Autocorrelation,HLAC)和类高阶局部自相关(HLAC-like Features,HLACLF)面部纹理特征,基于像素模式的纹理特征(Pixel-Pattern-based Texture Feature),以及空间最大发生模型(Spatially Maximum Occurrence Model,SMOM)描述面部特征。此外,许多算法结合不同特征所描述的面部表情。例如,Gabor 和 LBP 相结合特征,SIFT 和 PHOG(Pyramid Histogram of Oriented Gradient)描述面部局部纹理和形状信息。拓扑上下文(Topographic Context,TC)描述静态表情,经验证在检测到人脸混乱区域和面部表情方面具有稳定性。同时也出现了三维甚至是四维的面部表情,结合纹理和形状进行人脸建模,如 AAM(Active Appearance Model)、PDM(Point Distribution Model)、网格 SIFT 等的 3D 表情人脸。表 10-1 所示为上述特征提取方法,包括作者、类别数及数据库等。

表 10-1　表情识别中的主要特征提取方法

作　者	特征提取	类别数	测试集合
Majumde 等人	KSOM	6	MMI
Huang 等人	ASM	7	JAFFE
Patil 等人	Candide	4	Cohn-Kanade
Tian 等人	FACS	7	Cohn-Kanade
Zhao 等人	LBP-TOP	6	Cohn-Kanade
		7	JAFFE

作　　者	特 征 提 取	类 别 数	测 试 集 合
Lin 等人	LBP	6	Cohn-Kanade
Gu 等人	Gabor	7	JAFFE
		7	Cohn-Kanade
Lajevardi 等人	Log-Gabor	7	JAFFE
		6	Cohn-Kanade
Poursaberi 等人	Gauss-Laguerre	6	Cohn-Kanade
		7	MMI
Jabid 等人	LDP	7	Cohn-Kanade
		7	JAFFE
Li 等人	PHOG+SIFT	6	Cohn-Kanade
		7	JAFFE
Zavaschi 等人	LBP+Gabor	7	Cohn-Kanade
		6	MMI
Rivera 等人	LDN	7	Cohn-Kanade
		7	JAFFE

10.3　表情数据集

表情识别算法通常采用 4 个常用表情数据库：JAFFE、FEEDTUM、MMI 和 Cohn-Kanade。

10.3.1　JAFFE 数据库

JAFFE(Japanese Female Facial Expression)由日本 Kyushu 大学提供，共由 10 位日本女性构成，每人摆出 6 种基本表情和无表情(7 种状态)，每人每种状态的图像数量为 2～4 不等，均为 256 级灰度图像，大小为 256×256 像素，且收集时未控制光照和头部姿态。数据库中同一主体不同表情的样本实例如图 10-2 所示。

生气　　　厌恶　　　恐惧　　　高兴　　　悲伤　　　惊讶

图 10-2　JAFFE 数据库中不同表情的样本

10.3.2　FEEDTUM

由慕尼黑大学的人机交互实验室设计提供，共 19 个人组成，用于人脸图像的科学研究。

本书每人选取 21 张表情图像,包含 6 种基本表情和无表情,皆为 3 通道彩色格式,大小为 320×240 像素。图 10-3 为该数据库中同一人不同表情图像。

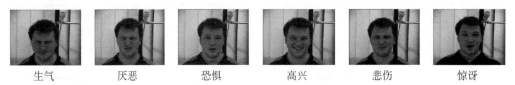

生气　　　　厌恶　　　　恐惧　　　　高兴　　　　悲伤　　　　惊讶

图 10-3　FEEDTUM 数据库中不同表情的样本图像

10.3.3　MMI 数据集

由 Maja Pantic 和 Michel Valstar 发起采集,提供 1500 多个含有表情的正脸或侧脸静态图像和图像序列,均为 3 通道彩色图像。参加采集的人中 44% 是女性,年龄为 19～62 岁,来自欧洲、亚洲或南美洲。本书选取 602 张来自 24 个不同参与者的图像进行测试,大小为 576×720 像素,每个人提供 6 种基本表情和无表情状态。图 10-4 所示为 MMI 数据库中的示例图像。

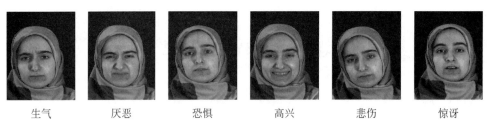

生气　　　　厌恶　　　　恐惧　　　　高兴　　　　悲伤　　　　惊讶

图 10-4　MMI 数据库中不同表情的样本图像

10.3.4　Cohn-Kanade 数据集

由美国卡耐基梅隆大学机器人实验室采集构成,此数据库由年龄在 18～30 之间的 100 个人提供不同数量的表情图像序列,表达 1～6 种基本表情。参与图像采集的人中 65% 是女性,15% 是非裔美国人,3% 来自亚洲或拉丁美洲。本书选取 97 个序列中的最后 3 张图像作为样本,共 1752 张图片构成数据集合进行实验。图 10-5 所示为 Cohn-Kanade 数据库中不同表情的样本示例。

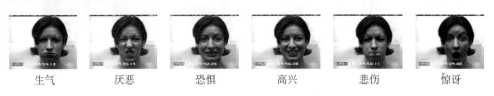

生气　　　　厌恶　　　　恐惧　　　　高兴　　　　悲伤　　　　惊讶

图 10-5　Cohn-Kanade 数据库中不同表情的样本图像

10.4　人脸表情特征检测

10.4.1　人脸区域检测

为了增强面部检测的鲁棒性和实时性,采用基于类哈尔特征描述(Harr-like),配合级联分类器 AdaBoost 的提取方法。Haar-like 特征主要是几类不同的积分算子通过在图像窗口不断移动扫描获得图像特征的描述,采用基于特征而不是图像像素的描述算法是因为特征描述法可以更好地应用到分类器中进行训练学习,此外,基于特征点检测算法的运算速度也更快。

常见的几类算子符号如图 10-6 所示,特征的描述主要是通过矩形框中像素和积分图像的差值获得,具有两个矩形框的 Haar-like 特征在不同颜色区域的面积相同,表述为两者之间的积分图像差值;三个矩形框的 Haar-like 特征则是通过两个外部的矩形框积分图像减去中心的矩形框积分图像得到;而四个矩形框的 Haar-like 特征计算是通过对角分块区块的积分差值计算获得。

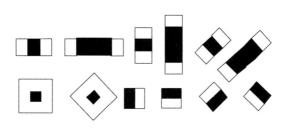

图 10-6　Haar-like 特征

积分图用不同矩形框像素差值描述特征,运算速度会大大提高,如图 10-7 所示。

假设积分图在像素点(x,y)的灰度值为 $P(x,y)$,根据式(10-1)得到

$$P(x,y)=\sum\nolimits_{x'<x,y'<y}p(x',y') \tag{10-1}$$

对图 10-7 区域 D 内像素点的灰度值由式(10-2)计算得到

$$G_D=I_d+I_a-I_b-I_c \tag{10-2}$$

式中,I_d 代表 A、B、C 和 D 区域内像素点的灰度值,$I_d=P_a+P_b+P_c+P_d$,$I_a=P_a$ 代表 A 区域内像素点灰度值积分;$I_b=P_a+P_b$ 代表 A 和 B 区域内像素点灰度值积分;$I_c=P_a+P_c$ 代表区域 A 和 C 内像素点灰度值积分。

图 10-8 所示为多种 Haar-like 特征在人脸特征部位分布,由多种边缘、直线、中心特征描述眼眉、眼睛、鼻子及嘴部等主要面部区域,从而有效地将面部区域与背景分开。

通过将面部区域分为多个特征区域联合构造相应的特征分类器进行特征训练,并采用 Adaboost 算法进行级联分类器的构造,将每一个特征选取的弱分类器级联成为一个强分类器对整个面部人脸区域进行提取。框图如图 10-9 所示。

Haar-like 级联分类器基于 Haar-like 特征通过改进了的 Boosting 学习算法,在训练过程中选取最优 Haar-like 特征构成单一弱分类器,最后联合多个弱分类器构成强分类器实现

人脸检测,并粗略定位人脸区域,其训练结构图如图 10-10 所示。

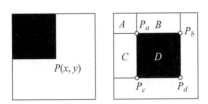

图 10-7 灰度值积分值计算

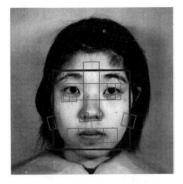

图 10-8 面部特征分布图

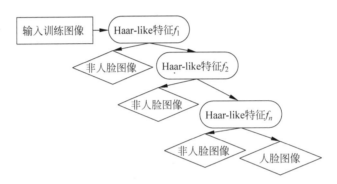

图 10-9 级联分类器结构图

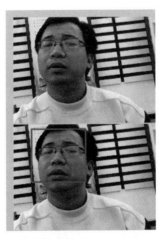

图 10-10 基于 AdaBoost 级联分类器方法的实时人脸检测

10.4.2 人脸表情特征提取

人脸表情特征包含眼眉、眼睛、嘴巴及下颌的运动,人脸表情的变化往往通过几何形状描述最为直接。主动形状模型(Active Shape Model,ASM)用于具有自由形状特征的边界检测与图像分割,能够用一系列控制点组成的连续闭合曲线作为模型,用能量函数控制模型及图像的匹配程度,通过不断迭代使能量函数最小化得到对象边界特征。该方法基于概率统计原理,因此对目标的具体形式和形状没有特别的规定,是一种较为通用的特征提取方法。主动形状模型的优点在于能够有效、精确地定位人脸中的局部特征环节,捕获更为丰富的人脸面部特征的细节变化。

构造人脸面部特征的 ASM 的过程如下:

(1) 在人脸数据库中选取 N 幅人脸作为训练集,然后在每幅人脸上取 k 个标注点,用这些特征点来描述人脸表情形状;

(2) 对样本进行形状配准,使样本中心位置配准,消除旋转影响;

(3) 用主元素分析(Principle Component Analysis,PCA)对配准后 ASM 形状向量进行统计建模,得到物体形状的统计学描述。

利用建立的形状模型在新图像中搜索到与模型相似的实例,包括人脸中的眼眉、眼睛、鼻子、嘴巴和人脸外轮廓边界上的特征点。图 10-11(a)所示为通过手工标注的人脸面部表情特征点,图 10-11(b)为采集多幅训练样本集特征点,可以看出在面部表情发生变化时,形状跟随脸部轮廓及面部五官特征点进行相应变化,图 10-11(c)为样本点均值。

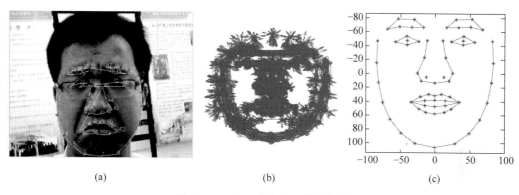

(a)　　　　　　　　　　(b)　　　　　　　　　　(c)

图 10-11　ASM 人脸表情模型构建

(a) 原始图像;(b) 样本点;(c) 样本均值

图 10-12 所示为 6 种不同表情、脸形和姿态的特征点图像。

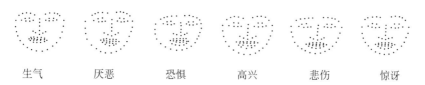

生气　　　　厌恶　　　　恐惧　　　　高兴　　　　悲伤　　　　惊讶

图 10-12　不同表情、脸型和姿态的特征点图像

10.4.3　ASM 模型构建

假设训练集 S_N 中包含 N 幅图像样本,对于第 N 幅脸部图像,选取 k 个标识点,图像中二维标识点的图像坐标构成形状向量 $\boldsymbol{S}_i$:

$$\boldsymbol{S}_i = [p_{i1}, \cdots, p_{ij}, \cdots, p_{ik}]^{\mathrm{T}}$$

$$(10\text{-}3)$$

式中，$\boldsymbol{p}_{ij}=(x_{ij},y_{ij})^{\mathrm{T}}$ 代表第 i 个训练图像样本的第 j 个标识点。

形状向量 $\boldsymbol{S}_i \in S_N$，利用主元素分析（PCA）进行线性压缩，能够通过均值 $\bar{s}$、特征值 $[\lambda_1,\lambda_2,\cdots,\lambda_l]^{\mathrm{T}}$ 及特征向量 $[q_1,q_2,\cdots,q_l]^{\mathrm{T}}$ 表示，选取前 t 个最大特征值对应的特征向量 $\boldsymbol{Q}=[q_1,q_2,\cdots,q_t]^{\mathrm{T}}$，这些特征向量描述了形状空间的变化模式，包含在训练样本空间中的任一人脸形状 s_i 能用下面公式加以逼近：

$$s_i \approx \bar{s} + \boldsymbol{Q}\boldsymbol{\kappa} \tag{10-4}$$

这里，$\boldsymbol{\kappa}=[\kappa_1,\kappa_2,\cdots,\kappa_t]^{\mathrm{T}}$，为用于控制 ASM 均值面部形状 $\bar{s}$ 的变化情况的协方差矩阵的前 t 个特征值。

主成分向量反映了训练样本中形状变化的主要模式，控制低维形状参数，可以在平均形状基础上叠加主成分特征向量方向上的形变，获得新的形状向量。图 10-13 显示了由均值模型（左图）通过控制主成分向量的幅度形成对不同表情的连续控制。

图 10-13　平均形状模型及特征向量所对应的图像轮廓

ASM 中的另一重要模型是局部纹理模型——侧面轮廓，对第 i 个图像的第 j 个标识点 p_{ij} 建立局部纹理模型，定义 p_{ij} 点处法线方向一定长度范围内取的像素亮度，对这些像素亮度的一阶导数进行采样得到归一化后的局部特征。假设局部纹理分布符合高斯分布，针对第 j 标识点给出了 k 侧面轮廓侧面纹理模型 $\boldsymbol{P}_j=[p_{j1},p_{j2},\cdots,p_{jm}]$。ASM 在某轮廓点 p_{ij} 进行脸部特征点搜索时，沿着轮廓法线方向构建侧面轮廓纹理，与训练样本构建的侧面轮廓纹理模型进行匹配，如图 10-14 所示。

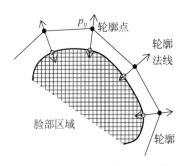

图 10-14　ASM 图像轮廓匹配算法

局部纹理模型 $\boldsymbol{P}_j$ 梯度的二阶统计属性包括侧面轮廓均值 $\bar{P}_j$ 及协方差矩阵 $\boldsymbol{C}_j$。对特征点法线 p_{ij} 邻域内每一个候选点 p_{jk}，计算其局部纹理的马氏距离 d，马氏距离最小的候选点就是该特征点的最佳候选点。

$$d=(p_{jk}-\bar{P}_j)\boldsymbol{C}_j^{-1}(p_{jk}-\bar{P}_j) \tag{10-5}$$

由于人的位置和头部位姿的运动干扰，面部特征 s_i 首先配准到均值 $\bar{s}$。选择三个保持面部比例特征的点集（左右内眼角和鼻尖构成的三角形）作为配准点。这三个静态特征在面部表情发生变化时，能保持距离比例。

令 $\boldsymbol{p}'_t$ 和 $\boldsymbol{p}_t$ 为两帧图像中对应的静态特征点，为了匹配三个相同的面部特征点，定义一个仿射变换：

$$\boldsymbol{p}'_t=\begin{bmatrix} \cos\theta & -\sin\theta \\ \sin\theta & \cos\theta \end{bmatrix}\begin{bmatrix} W_x & 0 \\ 0 & W_y \end{bmatrix}\boldsymbol{p}_t+\begin{bmatrix} t_x \\ t_y \end{bmatrix} \tag{10-6}$$

这里，参数 W_x，W_y 是水平/垂直缩放比例因子，t_x，t_y 为平移因子，θ 为旋转因子。

令 $\boldsymbol{R} = \begin{bmatrix} \cos\theta & -\sin\theta \\ \sin\theta & \cos\theta \end{bmatrix}$，$\boldsymbol{W} = \begin{bmatrix} W_x & 0 \\ 0 & W_y \end{bmatrix}$，$\boldsymbol{T} = \begin{bmatrix} t_x \\ t_y \end{bmatrix}$，则形状 $\boldsymbol{S}_i$ 变换到新形状 $\boldsymbol{S}'_i$：

$$\boldsymbol{S}'_i = \boldsymbol{WRS}_i + \boldsymbol{T} \tag{10-7}$$

图 10-15 为将某一检测到的人脸表情 ASM 特征点经过上述变换后形成的配准后的形状，用十字线表示，而均值用 * 号线表示。因此，面部表情的变化，例如惊讶表情时嘴唇张开幅度增大，嘴巴形变可以作为衡量惊讶表情的依据。

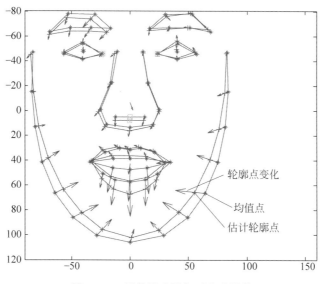

图 10-15 形状配准及相对位移计算

利用 ASM 方法提取人脸面部特征，图像向下采样为 4 级，最大迭代数为 20，选择 68 个人脸的面部特征点，每一个特征点对应的侧面轮廓模型的长度为 11，训练完成后，得到 41 个特征向量及特征值来逼近原有的特征空间。

ASM 能快速稳定提取正面人脸面部外围轮廓、眼眉、眼睛、鼻子以及嘴唇轮廓。如图 10-16 所示为人在复杂背景移动下，由 ASM 捕捉到的人脸面部表情，可以看出，ASM 匹配算法完全能够在复杂背景下提取人脸面部的局部特征点，并且一定程度上克服面部尺度、光照以及头部姿态变化等情况的影响。

图 10-16 基于主动形状模型的面部特征提取

10.5　人脸表情识别

10.5.1　基于 ASM 及 SVM 的表情识别

表情分类方法建立在面部局部特征点的几何位移之上,而不考虑面部表情的纹理信息。这种几何的位移信息是当前 ASM 模型捕获的人脸局部特征点,经过与均值配准以后形成的新形状与均值形状之间的差值

$$d(s') = [\boldsymbol{d}_1^{\mathrm{T}}, \boldsymbol{d}_2^{\mathrm{T}}, \cdots, \boldsymbol{d}_k^{\mathrm{T}}]^{\mathrm{T}} \tag{10-8}$$

这里,$\boldsymbol{d}_i^{\mathrm{T}}$ 是第 i 个形状标识的相对位置变化。

采用支持向量机 SVM 分析 ASM 模型特征点位移变化对应的表情类别。给定一个训练样本集 D,对其中每一样本 $D_i = \{(d_i(s_i'), y_i) \in D \mid i = 1, \cdots, n\}, d_i \in \mathfrak{R}^{1 \times 2k}$ 为 ASM 模型的相对位置变化,$y_i = \{-1, +1\}$ 代表 ASM 特征点相对位移的对应类别。支持向量机通过求解以下二次规划问题获得

$$\min_{\omega, b, d_i} \left(\frac{1}{2} \omega^{\mathrm{T}} \omega + C \sum_{i=1}^{l} \xi_i \right) \tag{10-9}$$

且约束为 $y_i[\omega^{\mathrm{T}}\phi(d_i) + b] \geqslant 1 - \xi_i, \xi_i \geqslant 0$。

针对 10 种表情选择了 3000 个 ASM 特征点相对位移数据作为支持向量机的训练样本。选择高斯核函数 $K(d_i, d_j) = \mathrm{e}^{-\gamma|\,|d_i - d_j|\,|^2}, \gamma > 0$,以及一对一的方法来训练多类表情分类器,建立 $\frac{n(n-1)}{2} = 21$ 个两类分类器,其中 n 为表情类别的个数。通过交叉验证方法,支持向量机的最优惩罚参数 $C = 8.0$ 以及 $\gamma = 0.03725$。每幅图像的平均处理时间约为 18.39ms,支持向量机的平均识别时间为 0.792ms。图 10-17 为针对人的 10 种 ASM 模型的表情分析结果。

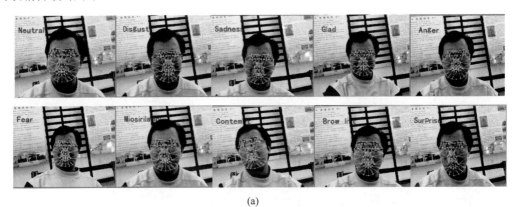

(a)

图 10-17　基于 ASM 和支持向量机的表情分析

(a) 基于 ASM 的 10 种表情识别;(b) ASM 提取时间及识别时间

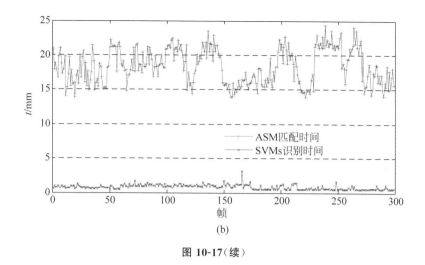

图 10-17（续）

10.5.2　基于 Gabor 及 SVM 人脸表情识别

采用基于二维 Gabor 小波变换提取面部表情特征。由于参与不同种类表情的面部特征各异,各特征变形程度及方向也存在较大差异,提取表情特征时,二维 Gabor 小波滤波器组的尺度及方向因子的选择对于表情识别效果有着较大影响,面部表情图像特征多集中在高频段,高频的二维 Gabor 小波变换相对于低频具有更高的识别率和更好的实时性。

选取 3 个高频尺度,4 个方向,共 12 个二维 Gabor 小波滤波器提取表情特征,即 $\nu = \{0,1,2\}$,$\phi_\mu = \pi\mu/4$,$\mu = 0,1,2,3,\sigma = 2\pi$。图 10-18 为表情图像和经上述二维 Gabor 小波滤波器组变换后获得的幅值图像。

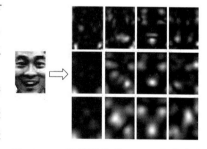

图 10-18　表情图像的 Gabor 小波响应

对特定人进行表情识别实验。训练分类器的表情样本均来自于测试者。由 5 名测试者在室内环境下表现愤怒、厌恶、恐惧、高兴、中性、悲伤及惊奇共 7 类表情。各特定测试者 7 类表情的识别成功率见表 10-2,对每位测试者,夸张类的表情如愤怒、惊奇以及厌恶等具有较高的识别率,识别率较低的为恐惧和悲伤,这两类表情的特征与中性表情比较近似,即动作幅值较小。

表 10-2　特定人表情识别实验结果统计数据

	测试者 1	测试者 2	测试者 3	测试者 4	测试者 5	平均
愤怒(AN)	91.76%	90.00%	95.30%	94.12%	96.15%	93.47%
厌恶(DI)	96.81%	96.80%	90.60%	89.29%	75.58%	89.82%
恐惧(FE)	82.89%	81.42%	80.79%	79.00%	89.15%	82.65%
高兴(HA)	93.75%	89.47%	92.11%	93.22%	89.87%	91.68%

续表

	测试者1	测试者2	测试者3	测试者4	测试者5	平均
中性(NE)	91.55%	93.62%	91.78%	93.75%	94.68%	93.08%
悲伤(SA)	89.77%	85.71%	87.04%	81.19%	89.74%	86.69%
惊奇(SU)	80.53%	94.90%	89.68%	93.48%	94.23%	90.56%
平均	89.58%	90.27%	89.61%	89.15%	89.91%	89.71%

表情识别系统对5位特定人7类基本表情的识别率不低于80%,平均识别率比较接近,均在85%以上。其中系统对愤怒(Anger)、高兴(Happiness)、中性(Neutral)、惊奇(Surprise)4类表情的平均识别成功率超过了90%。因为上述4类表情与其他表情之间区别较大,表情发生时,人脸各敏感区域(眉毛、眼睛、嘴唇等)的相对位置及形状变化较为明显。而厌恶(Disgust)、恐惧(Fear)和悲伤(Sadness)3类表情的识别成功率较低,这是由于这3类表情发生时,人脸各敏感区域的变化不是很显著,三者相互之间非常容易出现误判。

由不同测试者分别对分类器进行在线测试,如图10-19所示,(a)~(e)分别为对应测试者1~5的表情识别结果曲线。表情序号1~7分别对应愤怒、厌恶、恐惧、高兴、中性、悲伤及惊奇。浅色曲线为表情识别系统的识别结果,深色曲线为测试者的识别结果。深色区域为非基本表情。对比各图中的两条曲线可以看出,表情识别系统对特定人7类基本表情的识别结果与人工识别结果相似度较高。

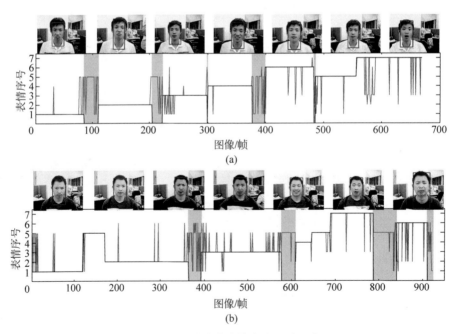

图10-19　特定人表情在线识别实验

(a)测试者1;(b)测试者2;(c)测试者3;(d)测试者4;(e)测试者5

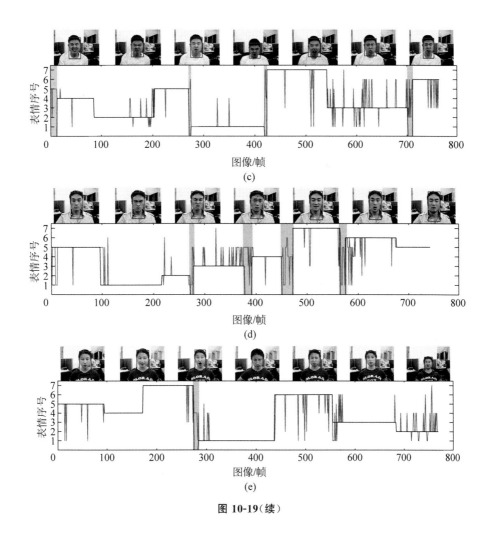

图 10-19（续）

10.6　基于表情的机器人头部交互实例

设计具有面部表情的机器人头部交互系统,如图 10-20 所示为仿人机器人机构的三维模型和实体,旨在通过表情、计算机视觉的交互方式与人类进行自然交流。机器人头部系统通过视觉传感以及视频采集设备获取交互对象的面部表情特征,通过识别分析人脸的面部表情,对头部的面部器官的电机构进行控制。机器人头部控制系统主要由计算机、RS232串口通信和 ATmega8L 单片机组成。

10.6.1　仿人头部表情再现机构

在智能服务机器人的交互中,表情携带的交流信息量决定表情交互的重要地位。表情再现系统则根据采集到的人脸表情类别对控制系统产生刺激,驱动实体中不同头部特征机

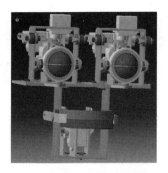

图 10-20 头部结构三维模型与头部机构实体及电路系统

构运动再现表情。根据眼球运动方式,采用摆动导杆和铰链机构组合,实现眼球上下左右运动,如图 10-21 所示。采用舵机驱动摆杆运动,摆杆相连的滑槽带动嵌入的眼球导杆运动模拟肌肉收缩或伸展运动,带动眼球运动,眼球上部摆杆运动带动滑槽左右运动,眼球则左右转动。

下颌关节运动包括前突、退缩和侧向偏斜,如图 10-22 所示。下颌骨带动嘴部运动,嘴部主要由颞下颌关节运动带动张口肌和闭口肌实现张口及闭口。根据嘴部骨骼及肌肉运动方式,采用下颌机构模拟嘴部运动。该机构通过舵机摆杆连接下颌支架中嵌入滑槽内的滑块构成下颚运动机构,当舵机带动摆杆运动时,下颌支架滑动滑槽中的摆杆驱使下颚向下运动,实现嘴唇的运动。嘴角运动机构与下颚机构类似,利用舵机带动滑槽中连接在导杆上的滑块驱动嘴角上下运功。

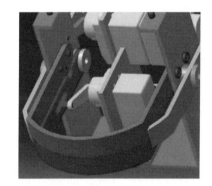

图 10-21 眼部结构三维模型　　　　图 10-22 下颌骨结构三维模型

1. 眼部机构动作

图 10-23 所示为眼部机构中眼球、眼眉和眼睑的动作图。眼眉和眼睑的运动通过舵机带动与眼眉和眼睑相连的摆杆实现眼眉的上挑下拉和眼睑的张开闭合运动,而眼球左右上下运动通过摆杆与滑槽实现。根据图 10-23 中运动单元,控制相关舵机实现眼眉上下运动,范围为 $-12 \sim 12$ mm。眼眉相关舵机在生气、厌恶、悲伤和惊讶时产生运动。仿人头部机器人中眼球上下运动范围为 $-18° \sim 18°$,左右运动范围为 $-36° \sim 36°$,能够实现类似人类眼球视野范围观测(水平面内双眼视觉范围为 $60°$ 内)及眼球运动。眼部机构运动实验表明本书采用的头部机构可实现眼睑、眼眉和眼球的多种运动状态,眼睑开合时间为 0.25 s。

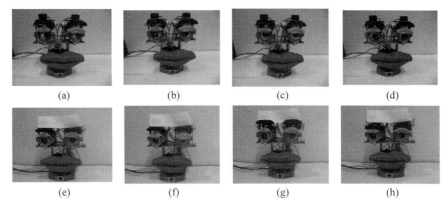

图 10-23　眼部动作实验

(a) 左看；(b) 右看；(c) 上看；(d) 下看；(e) 张开；(f) 闭合；(g) 上挑；(h) 下拉

2. 嘴部机构动作

图 10-24 所示为嘴部机构动作，采用 4 个控制点控制嘴部运动，实现嘴角和下颌上下运动。嘴角上下运动范围为 $-12 \sim 12\text{mm}$，下颌的上下运动范围为 $0° \sim 45°$，能完成表情再现中嘴部的张开、闭合。嘴角上扬、下撇等动作。

图 10-24　嘴部动作实验

(a) 张口；(b) 闭口；(c) 上扬；(d) 下撇

10.6.2　机器人表情再现系统

图 10-25(a)所示为基于表情的智能服务机器人表情交互系统，目标是通过表情实现人类与机器人相互理解和交流。系统主要由图像采集设备、仿人机器人头部实体、控制电路系统、计算机和实验人员组成。图像采集设备自动检测获取视觉信号，根据表情识别算法计算实验人员呈现的表情类别。仿人头部系统包括眼眉、眼睑、嘴角和嘴唇，控制舵机驱动面部特征协调运动，再现动态表情，控制系统采用上位机与下位机模式，上位机负责分析交互对象表情，下位机则实现头部机构的电路控制，实现视觉采集-表情识别-机器人表情再现过程。图 10-25(b)为表情再现流程图，头部实体通过上位机对控制点进行位移变换，输入控制芯片实现表情控制输出。头部控制系统采用单片机作为主要控制芯片，由 PWM 作为控制信号，依据图像中主要面部区域特征点与 ASM 算法中对应特征点位置变化，计算机构运动位移结合表情分类结果，控制机械实体中相应特征点变化，利用控制算法，组合眼睛、眼睑、眼眉、嘴角和嘴巴机构运动，实现表情再现。

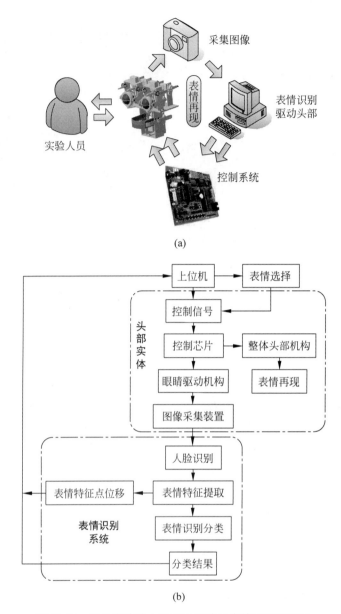

图 10-25   基于表情的人机交互系统及表情再现流程图

10.6.3   机器人头部表情再现

仿人头部机器人表情识别再现软件系统如图 10-26 所示,由表情识别系统识别视野内实验员面部表情,通过表情再现系统控制仿人头部机构再现实验人员的面部表情,利用图像采集设备获取仿人头部机器人的表情图像。

控制主要表情特征点并进行运动组合再现表情。表情由表情肌收缩或伸展,带动皮肤产生运动,由机械机构模拟表情肌,以眼部和嘴部的主要特征点驱动眼眉、眼睑和嘴唇,组合各个机构运动再现表情。图 10-27 给出机器人收到表情类别后,通过控制系统组合嘴部和

图 10-26　仿人头部机器人表情识别再现系统

眼部机构执行不同程度的动作,实现动态表情再现实验的截图。该实验验证头部机器人能够实现 6 种基本表情的再现,完成智能服务机器人表情识别实验系统。

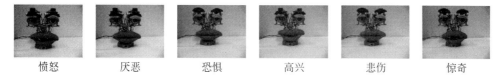

愤怒　　　　厌恶　　　　恐惧　　　　高兴　　　　悲伤　　　　惊奇

图 10-27　机器人头部机构表情再现实验

习　　题

10.1　面部表情识别主要针对几类基本表情? 描述面部表情主要包括哪些特征?

10.2　调研目前存在哪些表情数据集,并列表进行描述分析。

10.3　编写基于面部表情识别程序,对人脸表情进行在线识别。

参 考 文 献

[1]   孟祥旭. 人机交互基础教程[M]. 3 版. 北京：清华大学出版社, 2016.

[2]   阎锋欣. OpenInventor 程序设计从入门到精通[M]. 北京：清华大学出版社, 2007.

[3]   https://www.openinventor.com/.

[4]   蒋再男. 基于虚拟现实与局部自主的空间机器人遥操作技术研究[D]. 哈尔滨：哈尔滨工业大学, 2009.

[5]   刘冬雨. 面向卫星在轨维护的机器人臂/手遥操作的研究[D]. 哈尔滨：哈尔滨工业大学, 2010.

[6]   http://www.cyberglovesystems.com/.

[7]   http://www.mellottsvrpage.com/index.php/measurand-shapehand/.

[8]   http://www.vrealities.com/products/data-gloves/5dt-data-glove-5-ultra-2.

[9]   http://www.dg-tech.it/vhand3/.

[10] http://www.forcedimension.com/products/omega-7/overview.

[11] https://www.haption.com/en/products-en.

[12] 王根源. 基于增强现实与无源性的空间机器人遥操作控制研究[D]. 哈尔滨：哈尔滨工业大学, 2013.

[13] 吴广鑫. 空间机器人遥操作系统及局部自主技术研究[D]. 哈尔滨：哈尔滨工业大学, 2018.

[14] 樊绍巍. 类人型五指灵巧手的设计及抓取规划的研究[D]. 哈尔滨：哈尔滨工业大学, 2009.

[15] 胡海鹰. HIT/DLR 机器人灵巧手遥操作系统的研究[D]. 哈尔滨：哈尔滨工业大学, 2006.

[16] 陈建辉. 机器人宇航员遥操作运动映射和层次化避奇异方法研究[D]. 哈尔滨：哈尔滨工业大学, 2017.

[17] 熊根良, 陈海初, 梁发云, 等. 物理性人-机器人交互研究与发展现状[J]. 光学精密工程, 21(2), 2013：356-370.

[18] De Santis A, Siciliano B, De Luca A, et al. An atlas of physical human-robot interaction [J]. Mechanism and Machine Theory, 2008, 43(3)：253-270.

[19] Haddadin S, Albu-Schaffer A, De Luca A, et al. Collision detection and reaction：A contribution to safe physical human-robot interaction[C]//2008 IEEE/RSJ International Conference on Intelligent Robots and Systems. IEEE, 2008：3356-3363.

[20] Haddadin S, Albu-Schäffer A, Hirzinger G. Requirements for safe robots：Measurements, analysis and new insights [J]. The International Journal of Robotics Research, 2009, 28 (11-12)：1507-1527.

[21] Haddadin S, Croft E. Physical human-robot interaction [M]. Springer Handbooks. Springer, Cham, 2016.

[22] Goodrich, M A, Schultz A C. Human-robot interaction：a survey[M]. Now Publishers Inc. 2008.

[23] Sheridan T B. Human-robot interaction：status and challenges[J]. Human Factors, 2016, 58(4)：525-532.

[24] 董建明, 傅利民, 饶培伦. 人机交互——以用户为中心的设计和评估[M]. 4 版. 北京：清华大学出版社, 2013.

[25] 李洪海, 石爽, 李霞. 交互界面设计[M]. 北京：化学工业出版社, 2011.

[26] Cristianini N, Shawe-Taylo J. 支持向量机导论[M]. 北京：电子工业出版社, 2004.

[27] Sebastian T, Wolfram B, Dieter F. Probabilistic Robotics [M]. The MIT Press, 2005.

[28]　Cowie R，Douglas C E.，et al. Emotion Recognition in human-computer interaction ［J］. IEEE Signal Processing Magazine，2001，18(1)：32-80.

[29]　Pavlovic V I，Sharma R，Huang T S. Visual interpretation of hand gestures for human-computer interaction：a review[J]. IEEE Transactions on Pattern Analysis and Machine Intelligence，1997，19(7)：677-695.

[30]　Ke W，Li W，et al. Real-time hand gesture recognition for service robot［C］// International Conference on Intelligent Computation Technology&Automation. IEEE，2010：976-979.

[31]　Wang K，Li R，Zhao L. Real-time facial expressions recognition system for service robot based-on ASM and SVMs[C]//Intelligent Control & Automation. IEEE，2010：6637-6641.

[32]　曹雏清. 面向多方式人际交互的肢体动作识别研究[D]. 哈尔滨：哈尔滨工业大学，2012.

[33]　李瑞峰，王亮亮，王珂. 人体动作行为识别研究综述[J]. 模式识别与人工智能，2014，27(1)：35-48.

[34]　王丽. 智能服务机器人表情识别技术研究[D]. 哈尔滨：哈尔滨工业大学，2015.

[35]　梁磊. 基于机器人视觉的面部表情识别技术研究[D]. 哈尔滨：哈尔滨工业大学，2013.

[36]　武军. 基于 RGB-D 序列的家庭环境下单人动作识别研究[D]. 哈尔滨：哈尔滨工业大学，2018.